〈沖縄〉基地問題を知る事典

前田哲男
林　博史
我部政明
［編］

吉川弘文館

はじめに

日本が世界を敵にしたアジア太平洋戦争のなかで、米軍は一九四五年二月に硫黄《いおう》島、三月に沖縄に上陸し、激しい戦闘をへて占領がはじまる。そして敗戦後の八月末にマッカーサー率いる米軍が日本本土に上陸してきた。それからまもなく七〇年がたとうとしているが、いまだに米軍は駐留しつづけている。

特に沖縄は、一九七二年まで米軍の軍事占領下におかれて人権を蹂躙《じゅうりん》され、さらに日本に復帰してからも、日本にある米軍基地の七四％が集中し、いまだにアメリカと日本本土から植民地並みの扱いを受けつづけている。

戦争ではない時に、独立国に外国の軍隊が駐留するというのは第二次世界大戦後に生まれた現象である。そのことは冷戦状況によって正当化されてきたが、ソ連や東欧の共産党独裁政権が倒れて冷戦が終わってからは、多くの国で米軍を含め外国軍基地の撤去縮小が相次いでいる。にもかかわらず日本ほど「安定的」に数多くの大規模な基地が維持されている国は珍しい。資産価値でみると、日本は数年前にドイツを抜いて、世界で米軍基地が最も集中している国になっている。

米軍が海外に置いている基地の中で、巨大基地トップ二〇のうち八つが日本にあり、しかもトップ四は、嘉手《かで》納《な》、三沢、横須賀、横田と日本が占めている。狭い沖縄には、空軍の嘉手納基地に加えて、海兵隊のキャンプ・フォスター（瑞慶覧《ずけらん》）とキャンプ・キンザー（牧港《まきみなと》）をあわせて三つも巨大基地が存在している。沖縄の米軍基地は現在、合計約二三二平方キロあるが、イギリスにある米軍基地全体の約八倍、イタリアの一〇倍、トルコの一六倍、ベルギーの五三倍、など異常な集中の仕方であることがわかる。にもかかわらず、一部の基地返還と引き換えであるにしても、自然豊かなさんご礁の海を埋め立て、巨大な海上航空基地を建設しようとするのはいかなる理由でも正当化できない。もしそれを強行するならば、二一世紀最大の自然破壊、人類の愚行《ぐこう》となるだろう。

「米軍が日本を守るために駐留している」と多くの日本国民が思い込んでいる状態が長くつづいているのも不思議な現象といえるかもしれない。アメリカが第二次世界大戦の経験から学んだことは、米本土を防衛するためには、米本土から遠く離れた地域に軍事拠点を確保し（前方展開）、そこを敵への攻撃拠点とするとともに、敵からの攻撃をその前方展開拠点で引き受けることによって、米本土の安全を守ろうとする戦略だった。つまり米軍基地のある前方展開拠点は、敵からの攻撃を米本土に代わって引き受けることを期待されている。たとえば、冷戦時には、日本の基地は、ソ連などへの核攻撃を含む攻撃拠点であるとともに、ソ連からの攻撃（核兵器による攻撃を含めて）を引き受けることが予想されていた。つまり日本も沖縄も核戦争の戦場になることが想定されていたのである。そのことが、どうして日本に住む市民を守ることなのだろうか。米軍の文書を読むと、そうしたことはすぐに理解できるのだが、そうした基本的なことさえも日本国民は知らされないままにいるようにみえる。

＊

本書は、沖縄の基地問題を総合的に考える事典として、主に時代順に四〇のテーマを設定した。各テーマは、この問題を世界的な視点からとらえるために、日本本土やアジアの事例なども扱っている。日本で流布されている基地問題をめぐる議論、特にテレビや新聞などマスメディアに登場するものは、日米同盟、あるいは米軍基地があることを無条件で前提にしたものが多く、そもそも米軍基地は何のためにあるのか、本当に日本や世界の平和と安全のために必要なのだろうか、という根本的な疑問には目をつぶっている。とりわけ沖縄に押し付けられている犠牲と差別について本土のメディアや評論家の鈍感さはひどすぎる。そこで本書では、沖縄と本土の研究者やジャーナリストが集い、一般に流布している俗説を再検討し、最新の研究成果をもとに、多くの市民にわかりやすく書き下ろしたものである。巻末の付録には、理解を助ける基本的な資料を掲載し、また本書をもとに、さらにくわしく知りたい方のための読書ガイドと参考文献を付けた。

私たち「日本国民は、正義と秩序を基調とする国際平和を誠実に希求し、国権の発動たる戦争と、武力による威嚇又は武力の行使は、国際紛争を解決する手段としては、永久にこれを放棄する。」（憲法第九条）と宣言した憲法を持っている。「武力による威嚇又は武力の行使」のための施設である米軍基地が、はたして平和憲法の精神と両立しうるのだろうか。本書を、基地問題を真剣に問い直そうとする市民のみなさんに活用していただければ幸いである。

二〇一二年一一月二〇日

編者を代表して　林　博　史

目　次

沖縄の基地はなぜ減らないのか—世界史のなかの米軍基地問題

我部政明

沖縄にある米軍基地は、世界史のなかでは例外的な存在となりつつある。

米ソが対立していた冷戦時代に、米軍基地はアメリカの国内、海外に数多く存在していた。重要とはいえ、沖縄の基地もその中のひとつであった。冷戦が終わると、ソ連を封じ込めるために配置された海外の米軍基地の必要性が減少し、多くの海外基地が閉鎖され、本来の持ち主へ返還された。その冷戦の期間は、一九四七年から一九九二年までである。アメリカ以外で米軍を受け入れた国やその国民、あるいは派遣したアメリカや米国民にとって、海外米軍基地はソ連の唱える社会主義に対抗する戦いのために必要だとの信念があった。同時に、米軍を受け入れる国の中に、外国軍隊の駐留を主権の侵害だと主張する人々がいた。外国軍隊の長期駐留を主権の侵害だと訴える声は、東西の対立を超えて、米ソそれぞれの同盟国の間に存在していた。

日本においては、対米重視かアジア重視のいずれかが外交の基本的選択肢とされてきた。現象的には両者のバランスで外交が遂行《すいこう》されたが、安全保障における対米依存のため、対米関係から国際環境を理解してきた。それは、日本の歴代政権がアメリカの必要とする沖縄の基地を容認し、むしろ積極的に米軍プレゼンスを沖縄へ集中させるように促してきた。アジアを重視すべきと考える人びとは、こうした対米姿勢を主権の放棄だ、アメリカの属国だとの批判をおこなってきた。

まず最初に沖縄の基地問題を考えるにあたり、主権の意味についてあらためて考え直してみたい。現在の日本国憲法では、国家の政治のあり方を最終的に決める権利＝主権は、国民にあるとされる。しかし沖縄の米軍基地問題が、直接選挙の争点となった二〇〇九年の衆議院選挙での沖縄の四つの小選挙区や二〇一〇年の名護市長選挙では、主権者＝有権者の意志である選挙結果は機能していない。これはなぜだろうか。まずは、主権をめぐる歴史からひもといていきたいと思う。

世界史のなかの主権国家

主権国家の領土内に外国軍隊の恒常的な駐留がおこなわれたのは、第二次世界大戦以後のことである。世界史的にみれば、それ以前までは外国軍隊が自国内にいることそのものが、主権の侵害として受けとめられ、ナショナリズム運動を刺激し、旧体制の追放と国内の混乱を引き起こしてきたのであった。外国軍隊の駐留と国内混乱は、一九世紀後半から二〇世紀前半までの時期に、その頂点に達した。

またそれから一〇〇年さかのぼる一八世紀には、「主権者は誰か」を問う戦争がおこり、植民地であったアメリカはイギリスからの独立を遂げ、フランスでは革命がおこり国民が政治を決める重要な要素となり、また南米ではスペインやポルトガルの植民地の独立が相次いだ。フランス革命で覚醒《かくせい》された国民という考えが、一世紀をかけて、東欧、ロシア、西南アジアから東アジアへと浸透していった。これらの地で、西ヨーロッパの拡大する植民地主義のもとで駐留した外国軍隊と、国民と国家の誕生の原動力となるナショナリズムとが衝突した時代を迎えるのである。

この二〇世紀のはじまりの前後の時代は、ヨーロッパで誕生した主権国家の考えが、それ以外のヨーロッパ世界へと浸透していく過程である。主権とは、他の誰にも脅かされない最高の権利のことである。主権者は何でも決めることができるということだ。そして、明確な国境線で切り取られた領土において、主権が使えることとされた。主権と領土をもつ国家を主権国家と呼ぶ。その主権をもつ者は、主権が生み出されたウェストファリア条約体制（一六四八年）当初のころは、領主であり国王であった。領土内に住む人々の一体感がしだいに芽生え、それがナショナリズムを育んでいき、その人々が国民となった。そして、国民の意向を無視しては、主権者を決めることができなくなっていった。その結果、国民の承認のもとで立憲君主制や国民を主権者とする共和制が採用されていった。この過程を民主化とも呼ぶ。

こうした主権と国民の考えが、植民地化あるいは植民地的扱いをうけつつ、ある地域で広まっていくと、植民地本国から派遣される外国軍隊の存在により抑圧されるその地域の人々は一体感を強め、外国軍隊の追放がナショナリズムの目標となり、そして主権をもつ国家への独立をめざした運動を台頭させた。たとえ主権国家であっても、外国軍隊の駐留は、国内の不安定化を誘う要因でありつづけた。欧米諸国と同様に日本も中国に軍隊を長期駐留させた。租界《そかい》地を拠点として中国進出を図っていたヨーロッパ諸国とは異なり、日本は中国の一部に傀儡《かいらい》政権を樹立し、宣戦《せんせん》布告なしの戦争を中国において開始した。こうした外国軍隊の存在は、主権国家あるいは国民国家としての中国の覚醒をもたらしていく。

冷戦のなかの同盟国

第二世界大戦後にはじまった冷戦は、米ソ以外の国が一国だけで自分たちの安全保障を追求できなくなった時代の到来として受け止められた。冷戦は、イデオロギーの対立という国境でとどまらない影響力を持った。また、米ソの保有する軍事力は、核兵器を中心に周辺諸国に対し壊滅的な打撃をあたえるだけの力をもち、他国を引き離していた。恐怖のなかにあっても、体制選択という極めて単純な構図であった。主権を維持するために、むしろ外国軍隊の駐留が容認されるようになったのは、北大西洋条約機構（ＮＡＴＯ）に参加した西ヨーロッパの国々である。ソ連を中心にしてワルシャワ条約機構のもとで同盟国が集った。アジアでは、日本、韓国、フィリピンが二国間の枠組みでアメリカの同盟国となった。中国と北朝鮮は、ソ連との間でそれぞれ同盟関係を築き、オセアニアでは、オーストラリアとニュージーランドがアメリカの同盟国となった。ヨーロッパでの多国間とは異なり、アジアにおける米ソのそれぞれの同盟国あるいは友好国は二国間で構築される特徴をもっていた。

こうしたなか、米ソの軍隊の長期駐留は必ずしも駐留国から歓迎されたのではなかった。たとえば、北朝鮮の軍事的脅威にさらされてきた韓国にあっても、米軍の存在が韓国の主権を侵しているとの議論は絶え間なく生まれた。とりわけ、朴正煕《パクチョンヒ》独裁政権を支持するアメリカの姿勢への批判と相まって韓国内での米軍駐留批判が存在しつづけた。朴政権で獄中にいれられた後、金大中《キムデジュン》が大統領に選ばれて、南北の対話が生まれると、次に米軍駐留に距離をおく盧武鉉《ノムヒョン》政権が誕生した。米軍駐留が韓国の安全保障と政治の安定と政権交代へ直接的な影響を与えてきただけに、全国民が共有する米軍基地問題として捉えられてきたのである。

ＮＡＴＯへ参加した国のなかでも、一九八〇年代に入ってソ連の核弾頭付きの短距離ミサイルの東ヨーロッパ配備とそれに対抗する米軍の中距離核ミサイルの配備計画の間で、誰がヨーロッパの安全保障に責任をもつのかが疑問視された。とくに西ヨーロッパの人びとの間で、自らも核戦争に晒されることを承知でアメリカの大統領はヨーロッパで核兵器の使用を決断するだろうか、との疑問が広がった。そこから、ヨーロッパの安全は、ヨーロッパ自身の手で作り出す考えが生まれ、米ソを含めた全ヨーロッパ安全保障会議を創設したのだった。

日本の安全保障政策

一九五一年九月八日に調印されたサンフランシスコ平和条約と日米安保条約以来、日本の安全保障政策はアメリカ任せではじまり、現在に至ってもアメリカ依存の状態にある。日本は、戦後の安全保障をアメリカの軍事プレゼンスに依存してきた。その米軍プレゼンスは、沖縄の基地へ集中することで、維持された。沖縄の米軍プレゼンスは、冷戦のときであっても危機の可能性の少ない日本防衛よりも東アジアにおいてアメリカの主導する秩序を維持するために機能した。別の言い方をすれば、東アジアにおけるアメリカの同盟国は、沖縄の米軍プレゼンスにそれぞれの安全保障を依存してきたのである。

日本における親米というよりも対米依存の態度は、冷戦を背景に生まれ、強化されてきた。ヨーロッパでの冷戦が終わりをつげた翌年の一九九三年八月、日本においては親米的な自民党による長期政権から非自民・非共産勢力を結集した細川護熙《ほそかわもりひろ》政権が誕生した。細川政権では、対米基軸の安全保障政策の見直し検討をすすめた。具体的には、冷戦とは質的に異なる安全保障にあるとの認識のもとで、ヨーロッパで成果を挙げた協調的安全保障概念を導入、これまでのアメリカに加え、アジア諸国との間で協力関係強化をはかる新たな安全保障政策の構想を準備した。アメリカとの安保協力の充実を唱えながらも、冷戦的防衛戦略から諸国や国連との連携を重視する多角的安全保障戦略への転換を求める報告書（懇談会の長であった樋口廣太郎《ひぐちこうたろう》から「樋口レポート」と呼ばれる）にまとめられ、細川退陣後に誕生した村山富一《むらやまとみいち》政権へ、一九九四年八月に提出された。

米国政府内では、経済摩擦によりアメリカからの距離を置こうとする細川政権に対し、安全保障においてもアメリカとの二国関係から多国間重視への転換の兆候を危険視する声が台頭した。アメリカの対日政策の基本となったのが、クリントン政権のジョセフ・ナイ国防次官補（その直前までハーバード大学教授）の作成した「東アジア戦略報告（ＥＡＳＲ）」であった。ナイ・レポートとも呼ばれ、一九九五年三月に公表された同報告によれば、次世紀の中心となる東アジアにおいて信頼できる安全保障を提供するためにアメリカが軍事的プレゼンスを維持し、二国間の同盟関係の強化を図ることを基本として、中国の軍事力に対する警戒感を露わにしていた。つまり、冷戦環境から新しい安全保障環境へ移っても、日本や韓国の同盟国とのアメリカのハブ・アンド・スポーク（二国間関係の束を車輪にたとえて、車軸・ハブのアメリカとスポークとしての同盟国）体制の維持を明言したのだった。同報告では多国間協力に関心をよせる日本に対する牽制として役割が与えられ、日米防衛協力関係の強化・充実をめざした「安保の再定義」が日米両政府間で進められた。

このナイ・レポートは、冷戦が終りを迎えて沖縄から米軍が撤退するのではないかとの期待を壊すことになった。冷戦だから許されなかったことができるようになるという意味の「冷戦の配当」を求める沖縄での声は、同報告から半年後（一九九五年九月）に沖縄で起きた米兵による少女暴行事件を契機にして高まりを見せた。日米両政府は、米軍プレゼンスに対する沖縄での不満を鎮めるために、「沖縄の負担軽減」を繰り返すようになった。しかし、世界規模で縮小が予定される海外米軍基地のなかで、沖縄での基地削減は進まない。

冷戦が終結していらい、二〇年以上が経っているが、日米両政府とも、基地移設をしても沖縄内に基地を留め置く姿勢は、当時と変わらない。主権をめぐるわたしたちの戦いは、二一世紀を迎えてもなおつづいているのである。

40themes

40のテーマから知る〈沖縄〉基地問題

Theme 1

沖縄戦と土地収用

●米軍基地はどのように生まれたか

【ポイント】
沖縄の米軍基地用地の接収は、沖縄戦での占領地を基地化したのがはじまりである。戦後も、実態を正当化するための土地法令が作られ接収は継続された。沖縄返還後も、日本政府が安保条約による基地提供義務を掲げてアメリカに肩代わりし、民有地接収はつづいている。

〔戦争と占領〕

一九四五年四月にはじまった沖縄作戦と同時に、米軍は「米国海軍軍政府布告第一号」を発して、南西諸島の占領と軍政の実施を宣言している。米軍の統治の根拠は、戦時国際法である「ハーグ陸戦法規」の占領条項にもとづくものとされた。

翌年一月には、マッカーサー占領軍総司令官はあらためて日本政府に覚書《おぼえがき》を手交し、奄美《あまみ》・沖縄・宮古《みやこ》・八重山《やえやま》群島を正式に日本から分離した。この四群島や同じく分離された小笠原《おがさわら》諸島は、戦時体制のまま米軍の軍政下に置かれた。

米軍は、沖縄戦の戦闘中から占領地域の住民を計一二ヵ所の収容所に収容し、住民のいなくなった土地を占拠して、沖縄戦と本土攻撃用の基地を建設した。本土では、米軍が部隊を駐屯させた主要な基地は旧帝国陸海軍の軍港や飛行場などの公有地を使用したところが多く、沖縄の主要駐屯地とは形成過程が異なっている（現在で本土は国有地八七％、沖縄は三五％）。米軍が沖縄で戦争中に軍用地化した土地は、一九四五年時点で約一八二平方キロと言われ、不要と見なされた約二〇平方キロはその後住民に開放されたものの、五五年になっても約一六二平方キロは軍用地とされたままであった。

朝鮮戦争や中台《ちゅうたい》軍事紛争、軍用機のジェット化などを契機にして、一九五〇年代のはじめから半ばにかけて、本土でも沖縄でも民有地を対象に駐屯地《ちゅうとんち》の拡張や演習場の新設などが進められる。憲法や選挙制度が存在し野党や民衆運動にも力のあった本土では、接収を可能にする「駐留軍用地特措法」を用いても政権は世論を無視できず、砂川《すながわ》闘争など反対運動が計画を阻止した地域も多い。沖縄では、対日講和によって法的にも戦争状態が解消され戦時国際法に依拠できなくなった後も、講和条約によって得た「施政権」を根拠にして、布令九一号「契約権」や布令一〇九号「土地収用権」など、布告と銃剣での強制によって土地接収が強行された。（→④本土の基地闘争、⑤土地強制接収と島ぐるみ闘争）

〔米軍基地の接収と住民〕

●—1945年の嘉手納飛行場（沖縄県公文書館提供）

一九四五年一〇月末頃から住民の帰還がはじまったが、嘉《か》手《で》納《な》などの基地群が造成工事中であった北谷《ちゃたん》村の場合は、一部区域が四六年一〇月から、多くは四七年二月からとなった。嘉手納基地は、四〇年九月に米軍の来攻を予期して急遽建設された旧陸軍の中飛行場を中心に、一五〇〇メートル滑走路を二二五〇メートルに延長しB—29大型爆撃機部隊などを収容するための大拡張工事をおこなっていた。このため北谷村も村域の多くが接収されており、残っていた丘陵地帯の戦前に七〇〜八〇戸が居住していた場所に、約一万人の村民が密集することになった。

さらに、嘉手納基地によって村域が分断されたため、行政区も北谷村と嘉手納村に分離することになった。北谷村の一区域であった嘉手納村は人口三八七九人で発足しているが、面積の八三％を飛行場や他の施設に奪われ、現在の嘉手納町では残された二・五八平方キロの地域に一万三七〇〇人が暮らしている（滑走路はベトナム戦争中の六七年に三七〇〇メートル級二本となる）。現北谷町の場合は、キャンプ瑞慶覧《ずけらん》など他の施設部分を含めて、基地面積は町域の五三・五％に及ぶ。

同様に、四五年一一月と翌年一月にわけて地区別の帰村が許可された中城《なかぐすく》村も、キャンプ瑞慶覧などの基地によって南北に分断され、北中城村を分村せざるをえなくなった。

普天間《ふてんま》基地の場合は、占領と同時に、畑作地帯であった場所に陸軍工兵隊が急造した飛行場である。戦後に宜野湾《ぎのわん》村民が帰郷すると、立ち入り禁止区域となっていた。普天間航空基地は現在の宜野湾市の中心部をくり抜くように位置しており、世界一危険な空港と呼ばれている。キャンプ瑞慶覧の一部を含めて、宜野湾市の三三%が米軍基地に占められているが、基地面積の九二%が民有地である。

読谷村《よみたん》は米軍の上陸地点となり、軍事物資の陸《りく》揚《あ》げ場所として旧陸軍北飛行場を含めて全域が基地化された。四六年八月に一部地域に帰村が許されたものの居住が認められた面積は村域の五%にすぎず、一一月になって数地区に五〇〇〇人が帰還でき、四七年一一月には帰村者は一万四〇〇〇人に達した。しかし朝鮮戦争がはじまると、一部地区で土地が再接収され住民は強制移動させられるなど苦難はつづいた。耕作地を失った村民は飛行機の廃材で釜やヤカンを製造し、戦後第一の産業と言われるほどになったが、廃材の枯渇とともにすたれてしまう。村民の一部は石垣《いしがき》島に移住して、困難な開拓に取り組んだ。復帰時に基地面積は村域の七三%を占めていた。二〇〇六年になって読谷補助飛行場などが返還されたが、なお村の三六%が米軍に占拠されている。

越来《ごえく》村には、沖縄戦中に住民収容所が作られたほか、野戦病院や海兵隊駐屯地なども設置されている。嘉手納基地にも浸食されて、村域の七〇%が接収された状態であった。住民の帰還が認められても農村の復活は不可能であり、嘉手納基地周辺は、用地の開放を求めて商業地域・米兵の歓楽街に変化していく。この地区では、一九七〇年に、米軍への反発が車両や施設の焼き打ちにつながった、「コザ暴動」が発生することになる。

伊江《いえ》島住民は他島の収容所へ移され、二年後に帰島した時には、旧軍飛行場が拡張されて基地となっていた。さらに射爆場の建設など実力を行使した強制接収で、伊江村域の六三%が基地となった。『伊江村史』に記録されている「この島は米軍の血を流して奪った島だ、君たちには発言する何の権利もない」という米軍側の発言には、軍部が持っていた沖縄は勝者の戦利品という意識と、占領統治の無法性が象徴されている。（→⑥伊江島闘争）

沖縄本島中部には米軍部隊の駐屯地が集中しており、その大部分は住民が農地や宅地として利用していた土地であった。その結果として耕作面積は激減し、北谷、嘉手納村では戦前に一戸あたり六・三反あった耕地が〇・九反に、宜野湾村では四・七反が一・九反に、読谷村では六・五反が一・九反に、越来村では六・七反が一・二反に減少している。人間が活動するのに適当な土地が平野部であるのは当然であり、基地と住民は生活基盤をめぐって競合することになった。そして、常に米軍基地が優先されたのであった。

〔戦後アメリカのアジア戦略と民衆の対抗運動〕

統合参謀本部は、大戦直後から、沖縄をハワイやパナマ運河と並ぶ「主要基地地域」と位置づけていた。マッカーサー総司令官は、占領初期には、日本が非武装国家となっても、沖縄を確保している限りアメリカの軍事態勢としては十分であると考えていた。一九四八―四九年の国家安全保障会議文書一三／二～三で、沖縄に基地を「長期間」保有することをトルーマン大統領が承認して、米国の国家方針が確定する。沖縄は「太平洋の要石《かなめいし》」となった。一九五四年一月、アイゼンハワー大統領は、年頭の重要演説である「ステート・オブ・ユニオン」で、アメリカは共産主義の世界的陰謀に対抗すると述べている。そして、朝鮮半島には「死活的に重要な利益」があると言い、アメリカは朝鮮戦争の再開に備えていると述べた直後に、「沖縄の我が基地を無期限に保持する」と宣言している。そして議会に対して、インドシナの親米政権と国府政権に援助を継続することを求めている。

一九六一年六月、ケネディ大統領は訪米した池田勇人《はやと》首相に対して、「アメリカが琉球に持つ唯一の関心は、西南アジアと朝鮮での安全保障を支援することである」と言い、ラオスでの作戦を例示している。さらに、沖縄を作戦の策源地とすることは日米共通の利益であるとして、沖縄を失えばアメリカはハワイまで後退しなければならないので、日米は共産主義者の返還圧力を回避しアジアの自由世界を維持することに共通の利益を持つと述べている。（→⑨米核戦略と沖縄）

米国統治に対する民衆の抵抗は次第に大きなうねりとなり、「島ぐるみ闘争によって沖縄の民衆は、自らの力に対してある程度の自信を持った」（代理署名拒否訴訟『沖縄県第三準備書面』第二章「沖縄の苦難の歴史」）のである。ベトナムの対仏独立戦争がアメリカの介入によって「アメリカの戦争」となるにつれて、沖縄基地の役割は高まった。軍部は沖縄返還に反対であり、ジョンソン政権も当初は永久保有路線を踏襲していた。しかし、日本での反戦・復帰運動の高揚を見て、このままでは基地の喪失を招くという危機意識が主流を占め、情勢が「爆発点」に達する前に返還するという方向に転換することになる。ニクソン政権は、この方針を実行に移した。返還は、まさに沖縄と本土の民衆が「自らの力」でかちとったものであった。しかし軍用地に関しては、地主が契約を拒んだ場合は、日米安保条約の基地提供義務にもとづき日本政府が収用してアメリカに提供することになり、基地の実態は米国統治時代と変わるものではなかった。（→⑫沖縄返還、⑮復帰後の土地強制収用）

（島川雅史）

〈参考文献〉代理署名拒否訴訟『沖縄県第三準備書面』（第三章「沖縄における基地形成史」沖縄県、一九九六年）

Theme 2

沖縄分離と恒久的基地化

●本土との違いはいかに生まれたか

【ポイント】米軍占領下の沖縄が日本から切り離されたのは、それぞれの戦争の終わり方が異なったからだ。二つの占領の違いは、占領する主体と統治の方法に現れた。沖縄では米軍であったに対し、日本では、連合国軍最高司令官ダグラス・マッカーサー元帥が多くの権限をもった。

〈日本からの切り離し〉

日本にある米軍基地の七五%が沖縄に集中している。本土との差はいかに生まれたのだろうか。ここでは敗戦後における連合国の日本占領を通じてその違いの根源にせまってみたい。

敗戦後、異なる占領が沖縄と日本でそれぞれ進められた。アメリカの対日方針は、非武装化と民主化であった。それを受けて、マッカーサー指揮下の総司令部（GHQ）は、その一環として新しい憲法の制定へと動いていた。憲法制定のため国会開催を総司令部に求められた日本政府は、二〇歳以上の男女の投票権を定める新しい選挙制度（一九四五年一二月一七日、衆議院議員選挙法の改正）を導入した。その際、改正された選挙法の付則《ふそく》にて、在日の旧植民地主出身者（台湾、朝鮮人）と北方領土住民、沖縄県民の選挙権を停止した。新たな選挙区の設定を急ぐ日本政府は総司令部に対し、戦前まで沖縄や北方領土にあった選挙区を設定しない旨の確認をおこなった。その回答（「若干の外郭地域を政治上、行政上日本から分離することに関する覚書」）が、一九四六年一月二九日、日本政府に届いた。それによると、植民地として支配した南《なん》洋群島《ようぐんとう》、満州《まんしゅう》、台湾、朝鮮、樺太《からふと》に加えて、沖縄、小笠原諸島、千島《ちしま》列島、歯舞《はぼまい》諸島、色丹《しこたん》、鬱陵《うつりょう》島、竹《たけ》島、済州《チェジュ》島などでの日本政府による統治を停止するとされた。ここで、日本の統治から沖縄の分離が確認された。

しかし、沖縄が日本の領土であるのかどうかは、棚上《たなあ》げされたままであった。ポツダム宣言で確認された「日本の主権は本州、北海道、九州並びに吾らが決定する諸小島に局限」されることになっていた。「吾ら」つまり連合国は、その時点で、どこが日本の主権の及ぶ「諸小島」となるのか決定していなかった。この決定は、いまなお、おこなわれていない。むしろ、アメリカは日本と他国との領土問題への介入を避けてきた。たとえば、千島列島に択捉島《えとろふ》、国後島《くなしり》は含まれるのかどうか、今後は、日本とロシアで見解は分かれたままだ。竹島は、朝鮮半島の一部なのか否か、日本と韓国の間で論争中だ。アメリカは沖縄を日本の領土だとした。尖閣《せんかく》諸島がその沖縄に含まれ日本の領土なのかどうかをアメリカは判断せず、沖縄の施政権返還をおこなった。その結果日本、中国、台湾で領有権問題へと発展している。こうした未確定な国境線が生まれたのは、「諸小島」の範囲が明確にされなかったためである。

新しい選挙制度のもとで衆議院総選挙が、一九四六年四月一〇日におこなわれた。そこで選出された衆議院議員らによって、帝国憲法の改正手続きをへて、現在の憲法が生まれた。軍事大国への道を自ら縛った憲法の戦争放棄（第九条）は、沖縄の米軍基地の存在とは無関係ではなかった。沖縄の米軍プレゼンスによって日本の平和憲法が支えられる関係であり、沖縄から選出された議員を欠いたままの憲法誕生であった。

〈排他的統治〉

沖縄戦の最中、ワシントンの米統合参謀本部ではアメリカが戦後に必要とする軍事基地の全体的検討が一九四五年五月以降、進められていた。海外基地を体系として捉え、重要度に応じた分類をおこなった。同年一〇月二三日に統合参謀本部では、沖縄を最も重要度の高い「主要基地」に含む戦後の基地体系がまとめあげられた（次頁図を参照）。並行して、これらの海外基地をおく地域の統治形態についての検討が進められていた。アメリカ領のハワイやアリューシャン諸島などを除き、三つの統治の形態へと類型化された。（1）アメリカの排他的権利の下に置く、（2）連合国による共同使用、（3）基地協定による基地使用によるとされた。沖縄は、日本の委任統治下にあったミクロネシア（日本では南洋群島と呼ばれた）とあわせて排他的権利の下に置くこととされた。

さらに、排他的権利にもとづく管理方法は、主権獲得あるいは国連信託統治戦略区域《こくれんしんたくとうち》のいずれかとされた。戦略区域とは、通常の信託統治では認められない軍事利用が例外的に承認される他に、通常は国連総会への報告義務となるのに対し、戦略区域はアメリカが常任理事国である安全保障理事会への報告とされている。

アメリカは国連安全保障理事会に対し、一九四六年一一月六日、アメリカを施政権者とするミクロネシア信託統治戦略区域案を送付した。翌四七年四月二日、国連はこの信託統治協定を承認した。しかし、米政府内での沖縄統治の決定は棚上げされた。また、沖縄占領を担当する軍部は、沖縄の長期

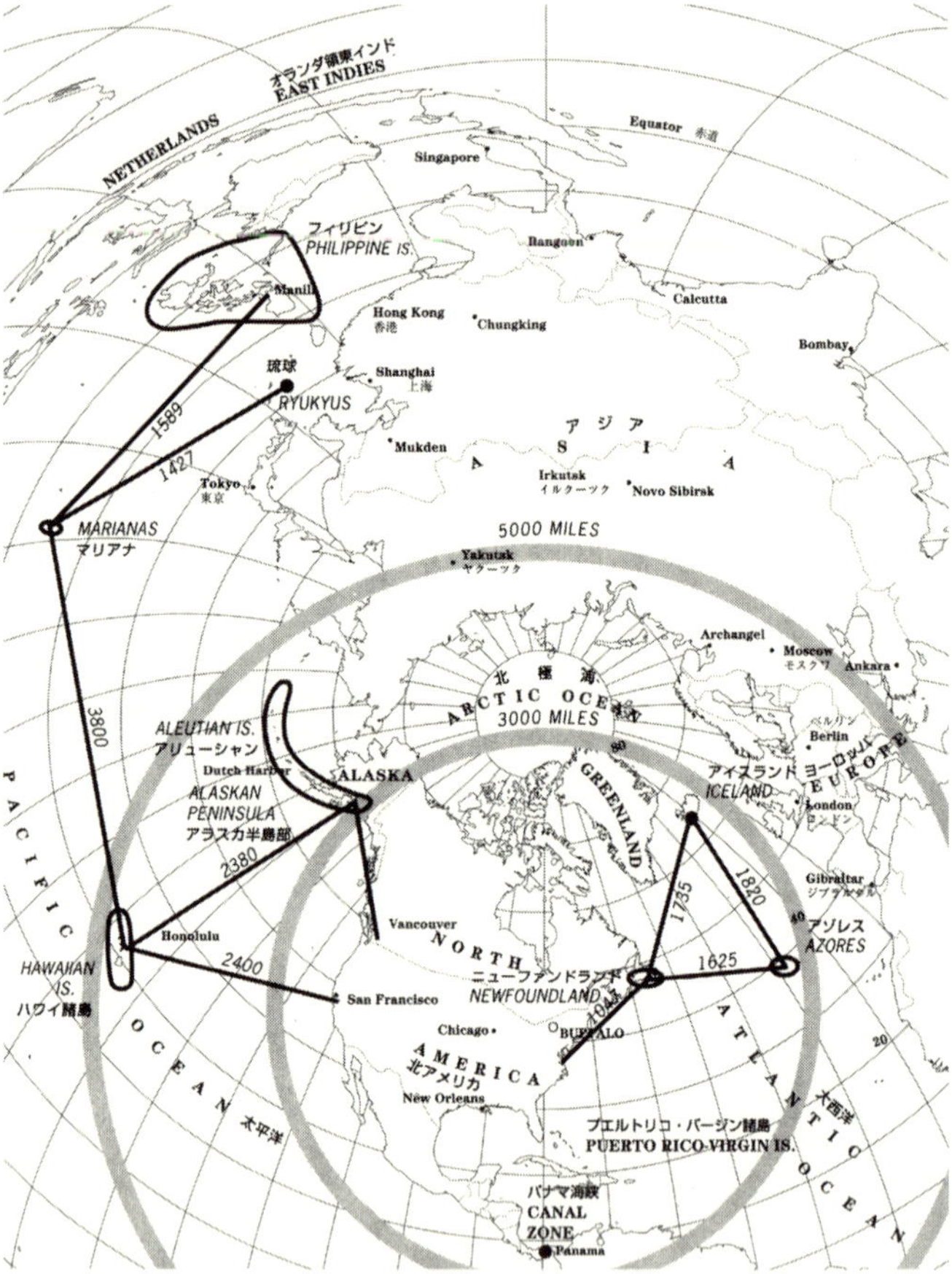

●―図　主要基地体系（JCS 570/40）

にわたる排他的管理にむけた既成事実を重ねていった。その頃、ヨーロッパでは冷戦がはじまっていた。

〈長期保有への道〉

日本占領をいつまでつづけるのか、占領後の対日関係はどのようにあるべきか、沖縄をどう扱うか、一九四七年、米政府はこれらの検討を余儀なくされていた。ソ連専門家でソ連に対する封じ込め戦略を提唱したジョージ・ケナンが国務省政策企画部長に就任して、対日政策の検討がはじまった。翌四八年三月、東京と沖縄を訪問してマッカーサーや沖縄で占領にあたる米軍指揮官に会った。帰国後にまとめられた報告書は、四八年六月二日に国家安全保障会議（NSC）へ提出され、そこで検討に付された（NSC 13／1）。同文書は、次のような勧告をおこなった。（1）現時点での日本との平和条約は尚早《しょうそう》だが、準備は必要。（2）平和条約発効まで米軍は駐留すべき。（3）平和条約後の日米の安全保障取り決めは、条約交渉開始時の状況によって条件を定める。（4）日本や日本の支配した地域での軍事基地の保有は重要である。（5）沖縄の長期保有の決定を直ちにおこない、国際的承認をえて、基地開発を開始すべき。（6）横須賀基地は返還するが、最終決定は、日本の安全保障上必要かどうかによる。

同文書は、沖縄に関して具体的に、「現時点」で沖縄の長期保有を決定すると同時に、沖縄統治に責任をもつ米政府機関は、沖縄住民の経済的、社会的福祉をはかり、自給経済を確立するための長期計画を立案し実施すべきだ、との勧告をおこなっていた。また、「適当な時期」に沖縄の戦略的管理を確保すべし、としていた。国家安全保障会議では、その後、沖縄の範囲を明確にするための二度の修正が加えられ、文書はＮＳＣ13／3へと変わった。この文書をトルーマン大統領が、翌一九四二年二月一日に承認して、沖縄での恒久基地化が進められることになった。

早速、米軍の余剰物資に依存するだけの沖縄経済に対し、米政府は一九四九年度からガリオア援助を開始して、経済の復興に着手した。占領統治にあたる軍政府は、沖縄の行政組織の創設に乗り出し、アメリカからの農業調査団を受け入れ、群島知事、議員選挙をすすめるなどのアメリカ統治の基盤整備に努めた。と同時に、基地内の施設の整備を開始した。一九四八年と四九年の台風による被害から、恒久的な建物の建設が急がれていた。

〔軍事基地の島へ〕

既存の基地整備が進められるとともに、一九五〇年六月二五日にはじまった朝鮮戦争は、沖縄にある米空軍基地の価値を高めた。嘉手納《かでな》基地は、一九五一年から五三年にかけて、現在のような四〇〇〇メートル級の滑走路が整備され、Ｂ—29爆撃機が配備されるなど、朝鮮半島へ直接出撃基地となった。空軍に対し沖縄の米陸軍の朝鮮戦争との関わりは限定的であった。というのは、当時の沖縄に配備されていた地上戦闘部隊は一個連隊規模（二七〇〇名）であったことと、マッカーサー指揮下で日本にいた地上戦闘部隊と米本土やハワイの米陸軍部隊が、朝鮮半島へ送られたためであった。朝鮮戦争の休戦協定（一九五三年七月二七日）を迎えてから、朝鮮半島危機時に対応できる沖縄の基地の整備と機能強化をめざした。当時すでに基地によって、沖縄の人びとの生活空間や生産空間が奪われてきたことに加えて、新たに計画された基地拡張は、沖縄の政治、経済、社会を揺るがすようになった。島ぐるみ闘争と呼ばれる沖縄の人びと全員が関わる反基地運動が起きるのである。

（我部政明）

〈参考文献〉

古関　彰一『日本国憲法の誕生』（岩波書店［岩波現代文庫］、二〇〇九年）、我部政明『戦後日米関係と安全保障』（吉川弘文館、二〇〇七年）、宮里政玄『日米関係と沖縄 1945-1972』（岩波書店、二〇〇〇年）

Theme **3**

日米安全保障条約

●なぜ米軍は残ったのか

【ポイント】

一九五一年九月八日、サンフランシスコ平和条約と同時に旧日米安保条約が調印され、翌年四月に発効した。旧日米安保条約が締結されたのは、アメリカの軍事戦略の一端を担わせるためであった。

〔安保締結までの国際情勢〕

日米安保条約ははたして独立国同士の取り決めといえるようなものだったのだろうか。ここではどのような状況で結ばれたのか、またどのような内容のものだったのかを見ていきたい。

一九四五年九月、日本は降伏文書に調印した。そこでは「ポツダム宣言」の誠実な履行が法的に義務づけられ、日本の非武装化が命じられた。一九四六年、「戦争の放棄《ほうき》」「軍隊の禁止」（憲法九条）と徹底した「国際協調主義」を基本原理とする日本国憲法も制定された。連合国軍最高司令官のマッカーサー元帥も「日本は極東のスイスとなり、将来いかなる戦争があろうとも、中立を保たねばならない」「講和のいかんにかかわらず日本は再武装するようなことをしてはならない」（一九五〇年四月二〇日付『朝日新聞』）との発言を繰り返していた。

ところが第二次世界大戦中から萌芽《ほうが》のあった、米ソの冷戦が徐々に顕在《けんざい》化し、一九四九年の中国革命、ソ連の原爆保有といった国際情勢の中、アメリカは「日本の非武装化」から「反共の防波堤」への政策転換に傾くようになる。一九五〇年六月に発生した朝鮮戦争は、こうしたアメリカの政策転換を決定的にした。

〔日本国内での状況〕

一九五一年九月、サンフランシスコ平和条約が調印され、日本は独立した。サンフランシスコ平和条約をどうするかで日本国内の世論は二分化された。いっぽうでは、平和条約を社会主義国も含めて締結すべきという主張がなされた（全面講和）。もういっぽうでは、アメリカを含む西側資本主義国とのみ締結するという主張がなされた（片面講和）。「日本国民は、恒久の平和を念願し、人間相互の関係を支配する崇高な理想を深く自覚するのであつて、平和を愛する諸国民の公正と信義に信頼して、われらの安全と生存を保持しようと決意した」という日本国憲法前文の理念からすれば、日本は全面講和をすべきであり、独立後は非武装中立という立場がとられるべきであった。

　吉田《よしだ》茂《しげる》首相も、当初は「軍事基地は貸したくないと考えている。社会党が言うように単独講和と引き換えに基地を提供するような考えは毛頭ない」（一九五〇年七月三〇日参議院外務委員会）と述べていた。しかし吉田首相は、最終的に西側諸国との単独講和に踏み切った。日本と最も長い間戦争をおこない、多大な被害を与えた中国や朝鮮は招かれず、インドやビルマ（現ミャンマー）は参加を拒否した。ソ連首席代表であるグロムイコは直前の記者会見で「日本は米国の軍事基地に転換されつつある。対日講和の目的は米軍を日本に駐留させること」と発言し、調印を拒否した。

●―サンフランシスコ平和条約に調印する吉田茂首相

〔日米安保条約の締結状況〕

　サンフランシスコ平和条約が調印されたのと同じ日に、その後の日本社会のあり方を決定する条約が結ばれた。「日本国とアメリカ合衆国との間の安全保障条約」、通称「(旧) 日米安保条約」である。サンフランシスコ平和条約が締結された日の夕方五時、米第六軍団司令部でこの条約が締結された。この条約の全権は吉田茂首相、徳川宗敬《とくがわむねよし》参議院緑風会《りょくふうかい》議員総会議長、一万田尚登《いちまだひさと》日銀総裁など六人だったが、署名したのは吉田だけだった。

　苫米地義三《とまべちぎぞう》全権は日米安保調印の二日前のサンフランシスコで「実は東京を出発する前にこの安全保障条約について吉田さんに会って念を押したところまだ出来ていないという話だった。……具体的内容も分からずにめくら判《ばん》を押すわけには行くまい」と述べていた。そして苫米地義三は調印しなかった。その理由として「事前審議《じぜんしんぎ》もなく、出先で簡単に決められる性質のものではない。ましてこの条約は不平等条約だ」と述べている。全権すら条約の内容を直前まで知らされず、国民が知ったのは調印後であった。日米安保体制には絶えず秘密外交、密約が密接不可分だが、安保体制はその成立当初から国民主権の理念に反し、政府の秘密主義の土壌の中で成立した。

〔旧安保条約の性質〕

この条約だが、「独立国とは名ばかりの、いかにも隷属《れいぞく》的な条約」と当時の安倍晋三《しんぞう》首相すら述べているように（安倍晋三『美しい国』一三三頁）、不平等な内容をもつ条約であった。

まず、アメリカには日本全土に米軍を配備できる権利が認められた（全土基地方式）。在日米軍基地は、「極東の平和と安全」のために使用されるいっぽう、アメリカは日本を守る義務を負わなかった。また、「内乱条項」が設けられ、日本政府の要請により、アメリカ軍は「日本国における大規模の内乱および騒じょう」にも対処できるとされた（一条）。

また、「日米安保条約」に基づいて日本に駐留する米軍の地位や条件について規定し、日米安保条約と一体をなす「行政協定」にも大きな問題があった。条約は法律以上の効力を持ち、国民の権利・義務に大きな影響を与える可能性が高い。そこで憲法では国民意志を代表するとされている国会の承認が必要である（憲法七三条三号）。「行政協定」も実質的には条約だが、国会の承認を求める手続が取られなかった。「行政協定」は米軍に出入国特権、日本の裁判権の放棄などを認める、米軍の占領時代の特権を維持する不平等なものであった。そしてその後、国民の生命や健康、財産などに大きな被害をもたらしつづけることになる。

〔日米安保条約と自衛隊〕

元在日米軍事顧問団幕僚長で、日本再軍備を担当したF・コワルスキーは「第七師団が朝鮮に出動すれば、海外からの攻撃はいうに及ばず、国内からの反乱からも、日本政府や我々の基地を守ってくれる地上部隊がいなくなってしまう」、「何より重要なことは、日米共同作戦を行うさい、両軍が同様に編成されていることが明らかに大きな利点となる」と述べている（F・コワルスキー『日本再軍備』）。コワルスキーの発言のように、アメリカは「日本をアメリカの出撃拠点とすること」、「日本に再軍備をさせること」、「再軍備した日本をアメリカのために使用すること」を求めていた。そして、こうしたアメリカの目的を実現するために結ばれたのが日米安保条約であった。

まず、朝鮮戦争のさい、アメリカ軍は日本から朝鮮に出撃することを通じて「出撃基地」、「後方支援基地」、「訓練基地」としての日本の重宝さに気づいた。そこで日本を米軍の要塞とするため、先に述べたような「全土基地方式」が採用されている。そして朝鮮半島に出撃したのちに手薄となった在日米軍基地、日本に残された米兵の家族を守るため、日本に米軍基地を守らせようとした。そのためにはまず日本に再軍備をさせる必要がある。そこで「アメリカ合衆国は、日本国が、攻撃的な脅威となり又は国際連合憲章の目的及び原則に従つて平和と安全を増進すること以外に用いられうべき軍備をもつことを常に避けつつ、直接及び間接の侵略に対する自国の防衛のため漸増的に自ら責任を負うことを期待する」（旧安保条約前文）とのように、日本の再軍備が目指されている。「旧日米安保条約」は、米軍の戦略と一体化することを正当化するものとなった。

〈押し付けられたものは何か〉

まず、旧日米安保条約だが、外国からの攻撃などの危険に軍備のない日本は対処できないので、日本に駐留してもらうことを日本からアメリカにお願いし、アメリカがその希望を受け入れる形になっている。占領が終了したのちにアメリカが日本に駐留するとなれば、「連合国のすべての占領軍は、この条約の効力発生の後なるべくすみやかに、且《か》つ、いかなる場合にもその後九〇日以内に、日本国から撤退しなければならない」（サンフランシスコ平和条約六条（a））との立場とは異なり、国際社会から批判される。そうした事態を避けるため、日本がアメリカに要請するという形にさせられた。

そして再軍備。戦後日本の再軍備は「警察予備隊」からはじまる。この警察予備隊の創設はだれの意思か。この点、警察予備隊の創設に関わった海原治《かいはらおさむ》は警察予備隊の創設について、「『（マッカーサー書簡は警察予備隊設置を）許可する《オーソライズ》』というが、こちらは要請なんかしていない」と述べている。朝鮮戦争がはじまった二週間後、連合国軍総司令部最高司令官マッカーサー元帥は、「書簡」を渡し、日本に「警察予備隊」の創設を事実上命令した。その後、警察予備隊は一九五二年に「保安隊」、一九五四年に「自衛隊」と大きく脱皮する。再軍備の障害となるのが憲法なので、アメリカはおりに触れて日本の憲法改正を要求してきた。日本国憲法は押しつけられた憲法であり、改正すべきだという「押し付け憲法論」が唱えられることがある。しかし、アメリカから押し付けられたのは「日米安保条約」、「自衛隊」であり、そして「憲法改正」であることを冷静に認識する必要がある。

（飯島滋明）

〈参考文献〉二見伸吾『ジョーカー・安保―日米同盟の六〇年を問う』（かもがわブックレット、二〇一〇年）、F・コワルスキー『日本再軍備』（サイマル出版、一九八四年）

Theme 4

本土の基地闘争

●一九五〇年代の運動の成果とは

【ポイント】
米軍は、敗戦後の「占領軍」からアメリカの世界戦略にもとづく前進配備軍としての「在日米軍」に変化した。占領期よりも多くの基地用地接収や拡張がおこなわれ、住民を核とする基地反対運動が全国的に巻き起こった。

〔日本占領と東西対立〕

第二次大戦後ほどなくしてはじまった東西対立によって、日本軍国主義の解体という占領政策は軍事国家への「逆コース」をたどり、占領軍も米国の対東側前進配備戦力へと性格を変えていく。その画期となった一九五〇年の朝鮮戦争は、日本全土において基地機能の拡大、「朝鮮特需」による産業の軍事化をもたらした。

冷戦期を通して、第二次朝鮮戦争や中台戦争、世界大戦を想定した米軍の配備はつづき、在日基地は前進配備軍の出撃前進基地として、また後方支援基地として、重要な戦略拠点となった。最も可能性が高いとされた朝鮮半島での戦闘の場合は、米軍駐屯の根拠規定である「行政協定」(後に「地位協定」となる)に加えて締結した「国連軍地位協定」によって、また安保条約関連の日米密約によって、米軍は戦闘出撃などの自由行動を保証されていた。

〔一九五〇年代の軋轢〕

米軍の戦勝国占領軍意識も引きつづき、各地で住民との紛争が生じた。再独立後の五〇年代には、本土でも事件が相次いだ。群馬県の演習場で兵士が呼び寄せた住民を射殺した「ジラード事件」(一九五七年)、住民を脅えさせようとするパイロットのいたずらが惨事を招いた茨城県での「米軍機母子殺傷事件」(同)など、多くの事件が起こっている。

米軍基地用地をめぐる紛争としては、新たに接収が決定された演習場や航空基地拡張に関連するものが多い。講和後に米軍の要求に対して政府が同意したのは、演習地が二二ヵ所五万五〇七七町歩(一町＝〇・九九ヘクタール、内灘《うちなだ》・浅間山《あさまやま》地区を除く)、飛行場は三六ヵ所一万四二六七町歩、関係農家は約一万戸であり(実際の面積は政府発表を上回る)、警察予備隊・保安隊・自衛隊用地の接収も加わって、住民の生活を脅かすものとして問題となった。農林省農地部長は、国会議員や開拓村役員と面会したさいに、「何故に講和発効と同時に、接収地を返還するかわりに新たに広大な農地まで接収するのか」との問いに、「今度は外国と戦争するために駐留するのだから訓練も激しくなり演習場も広くいるのだ」と、日本再独立後に米軍が駐屯を継続する本質を語っている。

北海道から鹿児島まで、本州各地で基地反対運動が起こった。滑走路拡張をめぐる東京都立川《たちかわ》基地や愛知県小牧《こまき》基地などのほか、米軍演習場として接収される原野や入会《いりあい》地をめぐっての、長野県浅間山麓《あさまさんろく》、千葉県豊海《とよみ》、石川県内灘、山梨・静岡県の北富士・東富士などでの住民闘争が代表的なものである。接収する側の『防衛施設庁史』（施設庁は米駐屯軍のための「調達」組織として発足）は、豊海・内灘・砂川の三ヵ所を「基地問題」の焦点として挙げているほかに、山形県大高《おおたか》根《ね》演習場・東京都武蔵野宿舎・和歌山県串本《くしもと》通信施設・キャンプ奈良・滋賀県饗庭野《あいばの》演習場・神奈川県辻堂《つじどう》演習場を係争地の代表例としている。

〔内灘闘争〕

一九五二年に起こり、戦後最初の大規模な基地反対闘争となった内灘演習場の場合は、「朝鮮戦争特需」によって、日本の軍需工業が生産した砲弾を実射試験するために要求された演習場であった。旧陸軍が射撃場としていた砂丘地帯であるが、戦後は農林省所管の開拓地となっていた。生活権を掲げた住民の反対にさいして、政府は一時金の支給と四ヵ月の使用期間を提示し住民も承諾するが、砲撃が開始されてから政府は補償金や公共施設の建設を見返りとして永久使用を打ち出し、「期限を定めない継続使用」を閣議決定する。

内灘村議会・石川県議会は継続使用絶対反対を決議し住民は演習場内に座り込んだが、警察が出動して排除し実弾射撃が強行された。「日米安保条約上の施設提供義務」が理由であった。住民は、「金は一年土地は万年」と書かれたむしろ旗を立てて抵抗し、着弾点への座り込みのほか、制限水域内での漁船操業の実行などの行動を展開し、政党や労組、学生などの支援も加わって「内灘闘争」が巻き起こった。労農連携が意識され、北陸鉄道労組は弾薬など米軍物資の輸送を拒否した。改進党から左右両社、労農、共産の各野党も統一行動をとり、参議院選挙地方区では推進派の現職大臣を落選させた。

警察力による排除と利益誘導による地元保守派の離脱、村長選での反対派の敗北などで闘争は縮小し試射は続行されたが、五七年に至って接収は解除された。内灘闘争は、大規模で組織的な民衆運動となったという意味で、以後の基地闘争の出発点となった。現内灘町歴史民俗資料館は、闘争は「『草

●—反対行動の上を離陸する米軍機（1955年.
砂川を記録する会提供. 『写真集 米軍基地を返還させた砂川闘争』2011年より）

の根民主主義への出発点』と高く評価されている」と書いている。

〈砂川闘争と伊達判決〉

一九五五年、ジェット機運用への移行を理由に、東京の立川と横田、愛知県小牧、千葉県木更津《きさらづ》、新潟の米軍航空基地で滑走路を延長する計画が公表された（実際は軍民共用の大阪府伊丹《いたみ》を含む六飛行場）。各地で反対運動が起こり、立川基地の所在する砂川町議会も全面反対を決議して、砂川闘争が開始される。内灘と同じく、生活権を掲げて町ぐるみではじまった闘争は条件派の離脱によって分裂するが、宮崎町長は一貫して反対姿勢を崩さなかった。反対同盟は労組、全学連、社会党、共産党などの支援を受けて、土地収用のための測量に対して非暴力のスクラムや座り込みなどで抵抗しつづけた。

農民が農地を守る闘いとして、反対同盟は「土地に杭《くい》は打たれても心に杭は打たれない」をスローガンに、「不服従」「決死」のむしろ旗を掲げた。労組などの支援を受けた後には、「原水爆基地反対」という反戦平和の主張も加わっている。闘争の山場は五六年一〇月の衝突であった。一二日には、警察機動隊一四〇〇名、反対同盟側は総評系労組二七〇〇、学生一一〇〇、社会党五〇〇、平和団体（共産党系は平和委員会として参加）三〇〇、地元二〇〇の計四八〇〇名、一三日は警察二〇〇〇名、同盟側六五〇〇名であった。一三日には鉄兜《てつかぶと》の警官隊が素手の座り込み隊を警棒で乱打し殴る蹴るなどの弾圧をおこない、一〇〇〇名の重軽傷者を出した。マスコミは「暴徒と化した警官隊」「無抵抗のスクラムに警棒の雨」と一斉に報道し、世論の反発を前にして政府は測量中止の発表に追い込まれた。

立川基地の滑走路拡張は阻止されたが、さらに基地撤去を目標として基地内所有地の返還を要求する運動はつづき、その過程で基地への立ち入りをめぐって逮捕事件と裁判が起こった。五九年、東京地裁（伊達《だて》秋雄《あきお》裁判長）は、在日米軍の存在は憲法九条に違反する、「日米刑事特別法」は憲法違反であるとして無罪判決を出し、日米政府に衝撃を与えた。米政府の秘密解禁文書によれば、米大使は藤山愛一郎《あいいちろう》外相に、安保改定が迫っていることから裁判期間を短縮し判決を覆すために最高裁への跳躍上告を求め、田中耕太郎《こうたろう》最高裁長官とも秘密裏に会談している。上告を受けた最高裁は地裁判決を破棄した。米大使館は、以前から反対運動に対する強権の発動も要求していた。また、当時の米軍の戦争即応態勢や、後年に明らかになった核兵器の「通過（トランジット）の黙契」や戦時持ち込みの密約からしても、立川をはじめとする戦闘部隊の基地が「原水爆基地」を予定されていたことも明らかである。

〔五〇年代の基地闘争とその後〕

一九五〇年代の基地闘争は、反対派からの「条件派」の脱落や強権発動によって敗北した地域も多いが、砂川のように計画を阻止したところもあり、新潟・大高根・妙義《みょうぎ》・木更津・小牧・宝島《たからじま》・相馬《そうま》ヶ原《はら》・秋吉台《あきよしだい》・赤麻《あかま》・日出生台《ひじゅうだい》・伊豆《いず》御蔵《みくら》島などでは、計画中止・演習中止・米軍撤収・返還などに追い込んでいる。五〇年代後半には、反基地運動の昂揚を見て、米政府内で主要基地を維持するために摩擦を減らすべきとする意見が強まり、また経費削減・ドル経済圏への移動の意図もあって、陸軍部隊の本国への撤収や海兵隊陸上部隊の本州から沖縄への移駐などの再編がおこなわれた。演習場などが自衛隊との共同使用となったり返還されたりし、七〇年代には空軍基地も「関東計画」によって集約整理された。この結果、本州では米軍基地の整理統合が進行したが、沖縄では基地の負担が増加することになった。

ベトナム戦争期には、練馬基地に対する大泉《おおいずみ》市民の会の反戦行動や、相模補給基地からの戦車輸送を阻止した横浜市での社会党市長を先頭にした「戦車闘争」など、各地で戦争非協力・反戦平和を主張する米軍基地反対運動が高まり、「四・二八沖縄デー」行動の設定など、「反戦復帰」を掲げる沖縄の運動との連携が意識された。冷戦後には、沖縄の負担軽減を理由として、日本政府の訓練移転経費支出によって、海兵隊の大分県日出生台《ひじゅうだい》演習場での砲撃訓練が復活するなど、ふたたび全国展開が進んでいる。

（島川雅史）

〈参考文献〉青島章介、信太忠二『基地闘争史』（社会新報新書、一九六八年）、島川雅史『アメリカの戦争と日米安保体制』第3版（社会評論社、二〇一一年）

Theme 5

●本土との差別はこうして生まれた

土地強制接収と島ぐるみ闘争

【ポイント】
一九四五年春から夏にかけての激しい地上戦の結果沖縄を軍事占領した米軍は、ただちに軍事基地の建設をはじめた。その基地は、五〇年代中ごろ約二倍に拡大され、現在に至っている。

〔まず米軍用地があった〕

沖縄にある基地は所有者の了解をえることもなく軍事占領下で、一方的に作り上げられていったものである。いったいどのようにして基地が作られていったのか、歴史をふりかえって考えてみよう。

第二次世界大戦（沖縄戦）後の沖縄の歴史は、まず、軍用地の確保が最優先された。住民を収容所に入れている間に必要な軍用地を確保し、軍用地として必要としない土地に旧住民の帰還や耕作を認めた。対日平和条約が締結され、軍事占領下の沖縄が、サンフランシスコ平和条約第三条の下での米軍支配に代わると、住民の土地所有権に基づく軍用地使用料支払いのための法整備等が進みはじめる。法といっても、米軍支配下の沖縄においては、米民政府（実質的には軍政府）の指示・命令である布令・布告が、法として機能した。

米軍用地強制使用のための法令が、五三年四月三日に公布・施行された米民政府布令第一〇九号「土地収用令」である。戦後、いったんは住民の居住や耕作を認めた土地であっても、新たな基地建設等に必要とされる土地で、住民がこれを任意で提供・賃貸借契約に応じなければ、強制的に接収するための根拠とする布令である。

この布令一〇九号によって、五三年四月から五五年七月にかけて、真和志村《まわしそん》安謝《あじゃ》、銘刈《めかる》、小禄村《おろくそん》具志《ぐし》、伊江村《いえそん》眞謝《まじゃ》、宜《ぎ》野湾村《のわんそん》伊佐浜《いさはま》などで、武装米兵や沖縄人特別警察隊（基地従業員の警察隊）を動員して、「銃剣とブルドーザーによる暴力的土地接収」がおこなわれた。（その具体的様子は、「⑥伊江島闘争」を参照。）「土地収用令」によれば、米軍が収用告知をした土地の所有者が三〇日以内に土地を譲渡するか否かの回答をしなければ収用宣告が発せられることになっており、「緊急の必要がある」ときは、収用告知後ただちに明け渡し命令を発することができた。

さらに五四年三月、米民政府は、軍用地料の一括払いという米陸軍省の計画を発表した。すなわち、米軍側の定めた借地料（地価の六％）の一六・六ヵ年分、つまり地価相当額を一度に支払うことによって、限定付き土地保有権（永代借地権）を設定しようというのが、一括払いであった。

〔土地を守る四原則〕

これに対して住民側の議会ともいうべき琉球立法院《りゅうきゅうりっぽういん》は、五四年四月三〇日、事実上の買い上げに等しい「一括払い反対」、「適正補償」（安すぎる土地使用料の引き上げ）、損害賠償、新規接収反対という「土地を守る四原則」を決議した。

この決議と同時に、行政府、立法院、市町村長会、土地連合会は、四者協議会を結成して、米民政府と交渉することになった。しかし、現地交渉ではらちが明かなかったので、米本国政府と交渉することになり、渡米代表団が派遣された。この渡米代表団の要請（五五年六月）にもとづいて、米下院軍事委員会は、M・プライス議員を沖縄に派遣した。五五年一〇月、沖縄を訪れ現地調査をおこなったプライス調査団は、翌五六年六月、議会に報告書（いわゆるプライス勧告）を提出した。プライス勧告は、沖縄の軍事的重要性を強調し、若干の軍用地料の引き上げを除けば、住民側の要求をことごとく否定した。

プライス勧告の内容が伝えられると同時に沖縄に巻き起こった民衆運動が、後に「島ぐるみ（の土地）闘争」と呼ばれるようになる。五六年六月一二日、立法院は、日本政府宛ての支援要請、というよりも対日平和条約締結者としての責任をとることを求める決議をおこない、一四日、土地連合会と四者協は、四原則死守を決議し、翌一五日には、住民大会の開催が決まった。ついで四者協は、四原則貫徹本部を設置し、「四原則を守るための基本的心構え」を決めた。この「基本的心構え」は、運動の実践要綱ともいうべきもので、「個々の利害にとらわれず、土地を守り、領土を守る正義の主張であるとの確信を持って、何者をも恐れず勇敢に闘う」、「万一米国が実力行使することがあっても、われわれは無抵抗の抵抗をもって力に対処することを原則的に堅持する」など、七項目からなっていた。

同じ日、教職員会、青年団連合会、民主党、社会大衆党、人民党の三政党、市町村長会など民間一六団体は、連絡協議会を開いて、四者協を支えて四原則貫徹の運動を展開し、住民の闘争組織を作ることを決めた。

島ぐるみ闘争は、プライス勧告反対闘争としてはじまった。その意味では、軍用地問題がその中心にあった。しかしそれはある意味では、一〇年に及ぶ軍政下の圧政、言論弾圧、人権侵害、選挙介入などに対する反発を一挙に爆発させたものであった。したがって軍用地問題は、軍用地所有者の問題ではなく、沖縄社会全体の問題であった。

プライス勧告の全文が沖縄に届いた六月二十日、全沖縄六四市町村のうち、五六の市町村で市町村住民大会が開かれたが、これらの大会には、一六万から四〇万の民衆（当時の全人口の二〇％から五〇％）が参加したと報じられた。つづいて六月二五日には、第二回住民大会が那覇市とコザ市（現沖縄市）で開催され、それぞれ一〇万と五万の民衆が参加した。二日後、第一次渡日代表団四名が上京した。

●―ライカムの視察に訪れたプライス下院議員（沖縄県公文書館提供）

「島ぐるみ闘争」によって、戦後一〇年をへてはじめて、全国紙の一面トップに沖縄問題が登場することになった。沖縄からの四名の代表団が上京した六月二七日、羽田空港には、日本山妙法寺《にっぽんざんみょうほうじ》の坊さんたちのうちわ太鼓が鳴り響き、自民党、社会党、共産党から右翼団体建青会まで、二十数団体約千人の人たちが出迎えた。島ぐるみ闘争の爆発からほぼ二ヵ月、新聞やラジオは、連日沖縄問題を大々的に報道した。そしてこの時期の報道は、沖縄の状況をほぼ正確に伝えており、行間には、沖縄の闘いに対する共感がにじみ出ていた。新聞にも多くの投書が寄せられ、そこにも一般民衆の沖縄に対する共感がはっきり示されていた。

〔沖縄問題に対する共感と無理解〕

この時期には、日本全土に沖縄をはるかに上回る米軍基地が存在し、五五年九月には、東京都下の砂川《すながわ》基地や山形県の大高根《おおたかね》射撃場拡張のための強制測量をめぐる警官隊と反対派の衝突事件が発生しており、基地拡張や米兵犯罪をめぐって、沖縄と似た状況があったからである。

にもかかわらず、逆にいえばそれゆえに、沖縄が日本から分離されていることの意味は、ほとんど認識されていなかった。

プライス勧告は、沖縄基地が、一、制約なき核兵器基地として、二、アジア各地の地域的紛争に対処する米軍極東戦略の拠点として、三、日本やフィリピンの親米政権が倒れた場合のよりどころとして、極めて重要であることを強調していた。国民の政治的動向に関係なく、自由に作り、自由に使用することのできる基地が沖縄の米軍基地であった。民衆の闘いという観点から見れば、本土の反基地闘争は、憲法や、土地収用法や、米軍用地特措法などの「法」に守られていたのに対し、沖縄の反基地闘争は、米軍の布令・布告に直接向き合わなければならなかった。

プライス勧告は、「強烈な民族運動がない」ことを、沖縄保有の利点の一つに挙げていたが、その勧告自体が、島ぐるみ闘争を引き起こすことになった。その結果、米側は、一括払いの計画を撤回し、軍用地料を大幅に引き上げ、土地使用料を原則毎年払いとし、五年ごとに土地の再評価をおこなうこととした。五八年秋、土地闘争は、一応の終息を見ることになった。米側は、それまでの強硬策一点張りの統治政策を、「飴《あめ》と鞭《むち》」の政策に転換していくことになる。

絶対的権力者から一定の譲歩を引き出した「島ぐるみ闘争」に自信を得た民衆は、労組や人権団体、平和団体等の組織化を進め、権利要求を強めていくことになる。

いっぽう日米両政府は、五〇年代の不安定な日米関係を、沖縄を利用し、沖縄に矛盾をしわ寄せする方向に政策展開をすることによってその安定化を図ることになった。五七年六月の岸・アイゼンハワー共同声明は、日本からの一切の地上戦闘部隊の撤退を明記していた。日本から撤退した米海兵隊は、日本ではない沖縄に移駐した。その結果、五二年には、沖縄の約八倍あった日本の米軍基地は、六〇年には、約四分の一になった。沖縄の米軍基地は、六〇年には、五二年の約二倍になっていた。すなわち、日本と沖縄には、ほぼ同一規模の米軍基地が存在することとなった。

沖縄の米軍基地建設は、アメリカの占領政策に起点を持っているが、五〇年代中ごろからは、日本政府によっても基地しわ寄せなどの形で積極的に利用されるようになったのである。

（新崎盛暉）

〈参考文献〉中野好夫・新崎盛暉『沖縄戦後史』（岩波新書、一九七六年）、新崎盛暉『新版・沖縄反戦地主』（高文研、一九九五年）

Theme 6

伊江島闘争

●反戦の島はいかに生まれたか

【ポイント】
伊江島は、島全体が平坦な台地状をなし、島のほぼ中央に城岳（ぐすくだけ）という岩山が隆起している。総面積六六〇万坪、一つの行政村（伊江村）を構成している。伊江島は、戦争の島であり、反戦の島であり、基地の島でもある。あるいは、沖縄を凝縮し、象徴する島である。

〔戦場の島・伊江島〕

米軍による暴力と無法な土地接収に対して、沖縄の人たちは非暴力による抵抗運動に立ち上がった。その代表的な例が伊江《いえ》島である。

戦前の伊江島は、水田こそなかったが、農家一戸当たり一町歩の耕地を持ち、沖縄ではかなり豊かな農村であった。ところが一九四二年七月、日本軍が飛行場建設をはじめると、全耕地の二割が接収され、村民の一部は、沖縄島、あるいは熊本県や宮崎県に疎開させられた。

臨戦態勢は日ごとに強化され、飛行場建設と共に、村民の防衛隊編入、竹やり訓練などがおこなわれた。四四年一〇月一〇日、沖縄全土は大空襲を受け、伊江島もその例外ではなかった。四五年三月上旬、日本軍は完成したばかりの滑走路を自らの手で破壊した。米軍の伊江島占領と飛行場使用を予測したためである。三月下旬からこの小さな島に連日絨毯《じゅうたん》爆撃と艦砲射撃が繰り返された。四月一六日米軍が上陸し、二二日には、日本軍の最終的抵抗が終わる。日本軍は四七〇〇人が戦死した。そのうち一五〇〇人は軍服を着た民間人（村民）で、中には、男装をした女子救護班員もまじっていたという。

生き残って米軍に収容された村民は二一〇〇人で、彼らは、五月下旬、那覇西方の離島慶良間《けらま》諸島へ移送された。四五年五月からほぼ二年間、伊江島は一人の村民もいない米軍だけの島となった。米軍は、日本軍が破壊した二つの滑走路を再建したほか、新しい滑走路も建設した。長崎に原爆を投下した米軍機は、伊江島飛行場を経由して、テニアンに帰った。

いっぽう、米軍の命ずるまま、慶良間を振り出しに各地を転々とさせられていた村民が帰島を許可されたのは、四七年二月からで、ほとんどの住民が変わり果てた元の部落に落ち着くのは、七月ごろのことである。伊江島でも、沖縄のほかの多くの地域と同様、村の再建は、遺骨の収集からはじまった。だが、遺骨の収集も完全には終わらない四八年七月、伊江島の波止場で、爆弾を満載した軍用船が爆発し、村民の死者六五人、負傷者多数を出す事故が発生した。戦後沖縄における最大の米軍事故の一つである。

〈「銃剣とブルドーザー」による土地接収〉

それから数年たち、耕地も戦前の五割程度まで回復した五三年七月、米軍の測量班数名が伊江島にやってきた。新たな苦難と闘いの前触れであった。五四年七月一四日、米軍は眞謝《まじや》部落と西崎部落のある位置に爆撃演習場を作ることを通告、一〇月四日、眞謝部落の全部七八戸と、隣接する西崎部落の半分七四戸の立ち退きを通告した。

米軍側の一方的解釈によれば、島を占領した米軍は、その三分の二程度を軍用地とすることにしており、米軍の使用に支障のない範囲で住民の使用を「黙認」していたということのようである。その一部を射爆場にすることにしたので、住民に立ち退き勧告をしたというにすぎない。しかしそれは、住民にとっては寝耳に水であった。住民は猛反発した。五四年末から五五年にかけて、米軍や琉球政府の高官がつぎつぎと島を訪れ、脅したりすかしたりして立ち退きを勧めたが、ようやく生活の目途を建てた農民は、頑として聞き入れなかった。

五五年三月一一日、米軍はついに伊江島に武装兵を派遣した。この日の朝まだ薄暗いうちに、ちょうど一〇年前に米軍が上陸作戦をおこなった伊江島の砂浜に、三隻の軍用船が着いた。そして鉄兜《てつかぶと》をかぶり銃剣を持った武装兵三〇〇人が病院車などを伴って上陸し、一隊は担架《たんか》、催涙《さいるい》ガスなどをもって眞謝部落へ直行し、一隊は村役所を包囲した。

他部落との接触を遮断され、完全武装の米兵に包囲された眞謝の農民たちは、自分たちが生きていくうえで、この土地がいかに必要かを必死に訴えた。農民たちは、「軍隊も人間だから誠意は通じる。真心の闘いだ」ということを唯一のよりどころにした。そして「土地を守るのは生きるためだから、一人の死者も出してはいけない」というのが、彼らの闘いの原点であった。したがって米軍と対峙するときは、「必ず座って話すこと、不必要に言葉を荒立てないこと、手に何も持たないこと」などの「陳情規定」を決めて交渉に臨んだ。

しかし「軍隊の論理」の前には、「人間の誠意」は通用しなかった。文字通りの「銃剣とブルドーザー」によって、十三戸の農家が破壊され、八十一戸の農家の耕作地約百万坪が、米軍射爆用地として囲い込まれた。

〔実力耕作、そして乞食行脚〕

生活と生産の場である土地を奪われた農民たちは、当面の生活補償を要求し、大挙して那覇の琉球政府に押しかけ座り込む。警官に排除されれば、警察に押しかける。当時伊江村議会議員だった阿波根昌鴻《あはごんしょうこう》は、当時の状況を「農民は家もない、食うものもない。されば追い出す警察に頼るほか道はないから、警察に泊めてくれとなって、署長室はじめ農民で満員になり、通路もふさがった」と記録している。

●—琉球政府前で座り込みを続ける伊江島の主婦たち（阿波根昌鴻『人間の住んでいる島』，1999 年所収）

そこで米軍は、演習時間外（朝晩と日曜日）の農耕を許可し、琉球政府は、生活保護基準に準じた生活補償をおこなうと発表した。だが、農民たちが各地で、土地取り上げの不当性を訴えつづけているのを見ると、米軍は、琉球政府に生活補償の打ち切りを命じた。生活補償が土地取り上げ反対運動に兵糧を提供することになると判断したのであろう。

兵糧攻めにあった農民たちは自分たちの土地を耕す以外に方法はなかった。しかし演習時間外だけで農作業ができるわけはない。こうした眞謝の農民たちは、立ち入り禁止区域進入を宣言して耕作をはじめた。爆撃を避けるために、和英両文で「ここは私たちの土地であります。私たちは生きるために働きます」と書いた白いのぼりを掲げて。

米軍が「琉球人立ち入り禁止、違反者は厳罰に処す」と立札を建てれば、農民はすぐに「地主以外の立ち入りを禁ず」と書き換え、夜中に、軍用地を囲む有刺鉄線を切断した。彼らの闘いは、徹底した非暴力実力闘争であり、同時に非妥協的闘いであった。農民の抵抗に業を煮やした米軍は、立ち入り耕作者八十数名を一斉に逮捕し、三六人に軍事裁判所で三ヵ月の懲役刑を科し、演習場付近に現れる農民に対して、片っ端から威嚇射撃をおこなった。万策尽きた農民たちは、部落全体で乞食《こじき》になることを決めた。「乞食をするのは恥ずかしい。しかし、乞食をさせるのはなお恥だ」と書いたのぼりを先頭にした乞食行脚《あんぎゃ》は、離島伊江島の闘いを沖縄全体に知らしめ、島ぐるみ闘争（→テーマ⑤参照）の導火線の一つになった。

　五八年末、島ぐるみ闘争は、土地所有権の明確化と、軍用地使用料の大幅引き上げによっていちおう収束する。沖縄全体で軍用地の賃貸借契約が進み、眞謝でも、半数以上が契約に応じることになった。だが、三一名はあくまで契約を拒否した。六二年二月、阿波根昌鴻たちは、「伊江島土地を守る会」を立ち上げ、あくまで基地・軍隊の存在を容認しない少数派として、闘いの火種を守る道を選んだ。

〈反戦地主のシンボル・阿波根昌鴻〉

　復帰後彼らは、反戦地主と呼ばれるようになり、阿波根昌鴻は、全沖縄の反戦地主のシンボル的存在になった。一九八四年、彼は強制使用されている土地の損失補償金によって、伊江島反戦平和資料館「ヌチドゥタカラ（命こそ宝）の家」を開設した。ここは、平和学習を兼ねた修学旅行のメッカとなり、阿波根昌鴻は、ここで、死ぬまで「剣をとる者は剣によって滅びる」ことを、確信をもって説きつづけた。

　二〇〇二年三月、彼が一〇二歳で死んだ後は、阿波根の養女謝花悦子《じゃはなえつこ》がその活動を引き継いでいる。また、多くのボランティアが、阿波根が収集した資料の整理をつづけている。

　二〇〇四年にはじまった、名護《なご》市辺野古の普天間《ふてんま》代替施設と称する新基地建設に反対する座り込みのテントには、非暴力実力闘争の象徴である阿波根昌鴻の遺影が置かれている。

　復帰後も伊江島の面積の約三五%は、伊江島補助飛行場として、日米地位協定による提供施設となっている。使用主目的は、補助飛行場、空対地射爆撃場及び通信所である。移設条件付きで返還が合意されたこともあるが、地元地主会の反対でそのままになっている。逆に、国頭村で反対にあったハリアーパッドを村当局が条件付きで、射爆場内部に受け入れている。その見返りに灌漑施設の整備等がおこなわれている。伊江島は、反戦の志と、財政難に苦しむ離島僻地の自治体という矛盾に引き裂かれた島でもある。（新崎盛暉）

〈参考文献〉阿波根昌鴻『米軍と農民―沖縄県伊江島―』（岩波新書、一九七三年）、同『写真記録　人間の住んでいる島』（一九八二年）、同『命こそ宝―沖縄反戦の心』（岩波新書、一九九二年）

Theme 7

●なぜ海兵隊は沖縄に来たのか

海兵隊の沖縄移駐

【ポイント】海軍からわかれた海兵隊は、陸・海・空軍とともに米四軍を構成している。現在、海兵隊の戦闘部隊で海外に駐留しているのは日本だけである。

【本土から沖縄へ】

沖縄に海兵隊が配備されているのは地理的に沖縄が最適であるからだという主張がある。はたしてそうだろうか。ここでは沖縄に海兵隊がやってきた経緯を振り返ってみよう。

一九五二年四月に日本は独立を回復したが、沖縄は本土からは切り離されて米軍支配下にとどまった。日本本土では、独立したにもかかわらず多数の米軍基地が残され、さらには拡張計画まで進められた。また米兵による犯罪や事故の多発は米軍への国民的反発を一層強め、各地で基地に反対する運動が展開された（→④基地闘争）。

社会党や共産党などの革新勢力が反発しただけでなく、保守勢力の中にも対米従属に批判的な人々も少なくなかった。アメリカへの従属状態を脱して自立し、米ソからの中立を志向する声が高まっていた。日本が中立化すると、日本にある基地を失うだけでなく、日本の工業力を利用することもできなくなり、アメリカの東アジア戦略にとって大きな打撃になることを恐れた米政府と軍は、「日本に広まっている、まだ占領されているという考えを打ち消す」（ウィルソン国防長官）ためにも、駐留米軍の中の地上軍（陸軍戦闘部隊と海兵隊）の撤退を検討しはじめた。

東アジア全体における米軍配置を検討した結果、米軍は、地上戦闘部隊は韓国に陸軍二個師団、沖縄に海兵隊一個師団を配備することとした。当時、日本にいた第三海兵師団を沖縄に移し、日本にいた二つの陸軍師団を韓国と米本土に移し、その結果、五八年二月までに米地上軍は日本本土から撤退を完了させた。日本本土には、空軍と海軍、ならびに陸軍の後方支援部隊と海兵隊の航空部隊の一部が残された。

在日米軍兵力は、一九五四年六月末の一八万人余りから六〇年九月末には四万六〇〇〇人にまで大きく減少した。基地面積も五二年四月の一三五二平方キロから六〇年には

●—沖縄・金武海岸で強襲上陸訓練をおこなう海兵隊（1955 年 8 月，沖縄県公文書館提供）

三三五平方キロと四分の一以下に縮小した。こうして日本本土の基地が減少したことにより、日本国民の基地に対する反発を宥《なだ》めることができたのである。

一九五五年五月、岐阜各務原《かがみがはら》と北富士演習場、堺などに駐留していた第三海兵師団の沖縄移転が発表され、七月より翌年にかけて沖縄に移駐していった。第三海兵師団司令部は五六年二月に沖縄のキャンプ・コートニーに移った。師団傘下の第三海兵連隊などが入ったキャンプ・シュワブには、沖縄ではじめて台風対策を施した屋根を持った海兵隊兵舎が五九年一〇月に完成している。なお第三海兵師団のうち一部はハワイに、また航空隊の一部は岩国に配備されることになった。その後、六五年にベトナムへ派遣されたが、六九年一一月に再び沖縄にもどってきた。

〔沖縄海兵隊の任務〕

五七年八月に米海軍のトップである海軍作戦本部長が米軍全体を統括する統合参謀本部に提出した文書「太平洋軍司令部・太平洋艦隊司令部によって与えられた艦隊海兵隊に関わる当面の任務」によると、沖縄の海兵隊に与えられた任務は、第一に朝鮮半島での戦争再発時の支援、第二と第三がベトナムとラオスでの任務、とされている。ここには中国に対する任務は出てこないし、朝鮮半島についても直ちに投入する部隊ではなく予備兵力として想定されている。だから朝鮮半島に直ちに投入できるという理由で沖縄に配備したわけではなかった。

朝鮮半島には九州を含め日本本土の方がはるかに近いし、装備や人員を運ぶ船舶も佐世保や横須賀など本土の海軍基地を利用する。海兵隊が沖縄に来た最大の理由は、本土の反基地運動の高まりを前に、住民に対して問題をおこす部隊を撤去することによって本土の世論を宥《なだ》めるという政治的理由からだった。それは沖縄に問題を押し付けることでもあったが、沖縄は米軍支配下にあったので住民の反発は力で抑えられると考えたのだろう。

海兵隊の沖縄移駐に対して、当時、沖縄にいたスティーブス米総領事は、すでに多くの土地を接収しているのにそのうえ海兵隊が来ると、土地問題が解決不能になるなど理由を挙げ海兵隊移駐の中止を訴えていた。事実、海兵隊は広大な土地施設を要求し、そのためにさらに広範な土地取り上げをおこなっていった（→⑤土地強制接収と島ぐるみ闘争）。

〔なぜ普天間に〕

海兵隊には航空部隊があり、これがどこの飛行場を使用するのかも問題になった。海軍と海兵隊は、この機会を利用して使用しないままに放置されていた与那原《よなばる》飛行場（東海岸の現西原町《にしはら》）を拡張して、そこを海軍と海兵隊の航空隊の拠点にする計画を立てた。しかしその計画に対して、那覇の米総領事や駐日大使をはじめ国務省は強固に反対した。総領事は、海軍のやり方は「非道な方法」だと批判していた。すでに沖縄の人々の激しい島ぐるみ闘争がおこなわれているのに、さらに一〇〇〇家族五〇〇〇人以上を強制立ち退きさせるような土地取り上げをおこなうと、ますます反米感情が高まり「深刻な危機」が生じることを危惧したからである。沖縄統治を担当していた陸軍も反対した。

そうした米政府内の反対を受けて、国防総省は与那原拡張案を退け、空軍が管理していた普天間《ふてんま》飛行場を海兵隊に使用させるように指示した。この結果、普天間飛行場は一九六〇年五月に空軍から海兵隊に移管されて海兵隊の航空隊が使用するようになった。ただヘリ部隊については、普天間のそばの北谷《ちゃたん》のハンビー飛行場に配備され、その後、普天間に移動してくることになる。

〔沖縄への負担の集中〕

海兵隊の移駐により沖縄の米軍基地は大きく拡張された。現在、海上航空基地を建設しようとして問題になっているキャンプ・シュワブ（名護市辺野古《へのこ》）をはじめ、辺野古弾薬庫、沖縄最大の演習場である北部訓練場、キャンプ・ハンセン、普天間飛行場など、今日までつづく海兵隊を中心とする沖縄の基地の姿がほぼできあがった。

沖縄の基地面積は、一九五一年に一二四平方キロ（約三万エーカー）だったが、五四年には一六二平方キロ（約四万エーカー）、六〇年には二〇九平方キロ（約五万一六四〇エーカー）へと大幅に増加し、五〇年代を通じて約一・七倍に拡張されたのである。駐留兵力も五〇年六月末の二万一二四八人から六〇年九月には三万七一四二人と一・七倍に増えた。

このように一九五〇年代における日本本土での反基地運動の高まり、日本の中立主義への志向の強まりなどを受けて、日本の中立化を阻止すること、すなわち同盟国としての確保と基地確保のために米地上戦闘部隊をすべて撤退させ、地上軍は沖縄と韓国へ移した。沖縄では強制的な土地接収をおこなって基地を拡張したが、島ぐるみ闘争を受けて当初計画より拡張を抑えざるをえなくなり、抵抗が強いと予想された与那原案を断念し、比較的に新規土地接収が少なくてすむ普天間飛行場を利用することとなった。

海兵隊を沖縄に配備する決定も沖縄の中でどこに海兵隊の航空隊を配備するのかということも政治的に判断されたことがわかる。同時に、一九五〇年代といえば、米軍が絶対的な権力者として振舞っていた時期であるが、沖縄の民衆のたたかいがアメリカ政府や軍の意思決定に大きな影響を与えていたことがわかる。

ところで、日本本土の軍事負担が減らされる中で、沖縄とともにその負担を背負わされたのが韓国や台湾だった。韓国には歩兵二個師団など陸軍主体の米軍が駐留し、朝鮮戦争時よりは大幅に縮小したものの五万名以上の兵力が駐留した。それだけでなく、韓国軍は約六〇万人の軍を維持し、台湾も約五〇万人の軍隊を維持した。日本の自衛隊が陸海空合わせて二〇数万人の規模であったこと、経済力・人口の違いを考えると、韓国と台湾は日本よりはるかに重い軍事負担を担わされたことになる。

また日本本土での核兵器への反発の高まりを受けて本土へは一部弾体（核弾頭がはずされたもの）が配備されただけにとどまり、核弾頭の付いた核兵器は、沖縄と韓国に多数が配備されるようになった。ここでも地理的に沖縄が最適だから核兵器を配備したのではなく、日本本土への核兵器の配備や基地の自由使用が困難になってきたために、米軍の直接支配下にあって米軍の無制限の自由が保障されている沖縄が利用されたのである。

（林　博史）

〈参考文献〉林博史『米軍基地の歴史』（吉川弘文館、二〇一二年）

Theme 8

●何が変わったのか

基地と人々の生活

【ポイント】
米軍の沖縄占領と膨大な軍事基地網の形成は、沖縄社会を根底から変えた。基地依存の社会から沖縄は今、大きく変わろうとしている。

〈沖縄戦から無条件降伏へ〉

一九四五年四月一日、沖縄本島中部の西海岸に上陸した米軍は、日本軍との戦闘を進めるいっぽうで、島内各地に収容所を設け、投降した住民を保護した。激しい地上戦が展開された沖縄では、軍の戦闘行動と住民の収容所生活と避難民の山野彷徨《さんやほうこう》が同時に進行しており、「戦中」「終戦」を画然と区分けすることができない。投降した住民にとっては、収容所生活のはじまりが戦後生活のはじまりであった。

米軍が作戦終了を宣言したのは七月二日、沖縄を占領した米軍と日本軍首脳が嘉手納《かでな》の米第一〇軍司令部で、正式に降伏文書に署名したのは九月七日のことである。だが、多くの住民は八月一五日に玉音《ぎょくおん》放送が流れたことも、嘉手納で降伏文書への調印式がおこなわれたことも知らなかった。住民が収容所の中で知らされたのは、日本が戦争に敗れ無条件降伏した、という冷厳な事実だけであった。

〈軍政下の生活〉

米軍は上陸直後にニミッツ布告を公布し、軍政を布《し》いた。上陸から約一年間、一切の金銭取引が禁止され、賃金の支払いも商品の売買もなくなった。着《き》の身《み》着《き》のまま収容所に送られた住民は、米軍から支給される食糧で飢えをしのいだ。

米軍に雇われ基地内で働くことを軍作業と言うが、収容所での単純労務がその始まりである。成人男性は、草刈りや戦死体の埋葬処理、軍需物資の陸揚げなどに駆り出され、その対価として食糧や衣類、タバコなどを受け取った。だが、配給物資だけでは絶対量が足りない。砲煙弾雨《ほうえんだんう》を逃れた住民は、今度は飢えや病気に苦しんだ。食料を求めてところ構わず探し回り、食べられそうなものは何でも取りつくした。子どもたちは、米軍用のチリ捨て場から缶詰《かんづめ》や残り物を探し、空腹を満たした。あらゆるものを失った敗戦国民のみじめさと、個人をがんじがらめにしていた軍国主義的な価値規範からの解放。飢えとマラリアの恐怖。戦後初期の沖縄は、失意と道義の欠如、解放感と復興への希望が、複雑に入り混じった混沌とした社会だった。

米軍物資をくすねる「戦果《せんか》」も、八重山・台湾を舞台にした「密貿易《みつぼうえき》」も、すべては、生きるため、食べていくため、であった。「戦果」とは、本来、戦いで得た成果のことを言うが、沖縄では、米軍の物資集積所に忍び込んで物資を抜き取ったり、軍物資を勝手にくすねることを「戦果」と呼んだ。そうして得られた物資がやみ市場に並んだのである。収容所の中で、人々は、飛行機の素材であるジュラルミンを溶かしてアイロンやナベ、カマを作り、コカコーラの瓶の胴を切ってガラスのコップを仕立てた。

米軍の配給食料の中で最も人気があったのは、野戦用携帯食のレーションである。クラッカー、バター、チーズ、インスタントコーヒー。沖縄の子どもたちは、食べることを通して異文化に触れ、アメリカと日本の国力の差を実感した。

一九四六年に賃金制度が実施され、四八年七月には、法定通貨がB円（米軍が発行した円表示のB型軍票）に統一された。B円時代は、ドル通貨制に移行する五八年九月までの一〇年間つづくことになる。

〔米国による長期保有〕

四〇年代後半まで米国は、沖縄統治の明確な方針を持っていなかった。トルーマン大統領が沖縄の長期保有を正式に決定したのは、一九四九年五月のことである。沖縄の長期保有と基地拡充を決めた米国は、一九五〇年度予算に五八〇〇万ドルの基地建設経費を盛り込んだ。この決定は、沖縄住民の暮らしに決定的ともいえる影響を与えることになる。

一九五〇年から五二年にかけて、港湾施設、道路、兵舎、家族住宅、倉庫などの軍施設工事が一斉にはじまり、沖縄は軍工事ブームに沸いた。

米軍は一九五〇年、「一ドル＝一二〇B円」の固定為替レートを設定した。日本本土に対しては輸出を促進するため、「一ドル＝三六〇円」の円安のレートが設定されたが、沖縄では逆に、輸入に有利な円高レートが設定されたのである。

基地の建設工事や軍作業によってドル外貨を稼ぎ、そのドルで生活物資などを輸入するという「基地依存型輸入経済」が、このようにしてつくられていった。この「仕組まれた経済政策」は、のちのちまで沖縄経済の自立を妨げることになる。要するに米軍は、基地なくしては沖縄経済が成り立たないような仕組みを政策として作ったのである。

〔基地依存型輸入経済のはじまり〕

米軍は、基地建設労働者や軍作業員を大量に確保するた

●—スクラップブーム（沖縄タイムス社提供）

め、軍作業の賃金を一気に三倍に引き上げた。その結果、農村から大量の若年層が基地に流れ、通訳、コック、技術者、運転手、タイピストなど、さまざまな職種の基地従業員が生まれた。

純農村地帯であった中北部は、一九五〇年代の一〇年間にすっかり姿を変え、基地の街に変貌してしまった。琉球政府がまとめた「軍用土地問題の経緯」によると、一九五八年七月現在、嘉手納《かでな》町は町面積の八四・五%が基地に接収された。以下、金武《きん》町七〇・六%、北谷《ちゃたん》町六七・三%、読谷《よみたん》村六五・一%、宜野座《ぎのざ》村五五・一%、沖縄市四五・四%という具合だ。

沖縄の「軍事要塞化」と沖縄経済の「基地経済化」がこの時期、急速に進み、「沖縄の中に基地があるのではなく、基地の中に沖縄がある」と言われるようになった。

〔スクラップ・ブーム〕

朝鮮戦争特需で潤《うるお》う沖縄経済を後押ししたのがスクラップ・ブームである。「鉄の暴風」が吹き荒れた沖縄には、いたるところに戦車や戦闘機の残骸《ざんがい》、砲弾、機銃弾などが放置されていた。屑鉄《くずてつ》が高値をよんだため、戦争スクラップを求め、人々が殺到した。屑鉄のことを沖縄では「フルガニ」と言う。一九五六年がスクラップ・ブームのピークで、輸出総額は、黒糖・分みつ糖の約一・八倍に達した。子どもも、「フルガニ拾い」を手伝い、集めた「フルガニ」を売って、家計を支えた。収容所での「ひもじい思い」と、貧しさゆえの「フルガニ拾い」は、戦後の混乱期を生きた人々の共通体験として記憶に刻まれている。

〔米国の統治政策の特徴〕

戦後の沖縄は、戦争の勝者である米国の「軍事植民地」だった。当時の米国の沖縄統治政策には、いくつかの特徴がある。

第一に、米国が沖縄を排他的に保有したのは、反共軍事ブロック形成という軍事上の理由からであり、軍事政策がすべてに優先された。

反米民族主義運動の中心人物だった沖縄人民党書記長の瀬《せ》長亀次郎《ながかめじろう》が那覇市長に当選するや地方自治に露骨に介入し、市長職から追放した。デモに参加した琉球大学の学生に対しては大学当局に圧力をかけ処分を求めるなど、「自由と民主主義」の表看板を汚すようなダブルスタンダードの対応が目立った。

第二に、沖縄の長期保有を正当化し、基地を維持するためにも、米国の予算で経済振興を進め、住民に経済的恩恵を与える必要があった。

第三に、日本本土との分離を正当化し、疲弊した住民を鼓舞する意味からも、沖縄の伝統文化に対しては「占領当初から復帰まで奨励的、助成的であった」(宮城悦二郎)。

第四に、米国はさまざまなメディアを駆使して反共政策をアピールし、米国の民主主義を宣伝した。

〈変化してきた沖縄〉

『守礼《しゅれい》の光』や『今日の琉球』などの広報誌は、米軍が発行した沖縄住民向けのPR誌である。一八五三年五月二六日にペリー提督が来琉したのを記念して五月二六日を「米琉親善記念日」と定め、クリスマスには運動用具を送ったり、将校夫人らが、沖縄の貧しい家庭の子どもたちをパーティーに招待したりした。

戦勝国として沖縄を統治しつづけた米国は、沖縄の人々の暮らしや文化にどのような影響を与えたのだろうか。ランチョン・ミートの消費量やビーチ・パーティー、ドライブ・インなど、主に食文化や消費文化に異文化接触の痕跡がみられるが、総じて表層的で、植民地的な要素が濃い。今なお米軍人・軍属・家族が駐留している割に、沖縄に与えた影響は極めて限定的だ。

復帰前の米国と沖縄の関係は、「統治者と被統治者」の関係であり、日常生活は金網によって明確に区分けされていたから、異文化接触は限定的にならざるをえなかったともいえる。「統治者と被統治者」の関係ではなく、戦場に送られる兵士とミュージシャンの対等な関係の中から、独自のサウンドを生み出したのがオキナワン・ロックである。ベトナム戦争を背景に生まれたオキナワン・ロックは、コザに独特の音楽文化を根付かせた。

(長元朝浩)

〈参考文献〉那覇市歴史博物館編『戦後をたどる―「アメリカ世」から「ヤマトの世」へ』(琉球新報社、二〇〇七年)、沖縄タイムス社編『庶民がつづる沖縄戦後生活史』(沖縄タイムス社、一九九八年)

Theme 9

米核戦略と沖縄

●核基地沖縄はどう使われたのか

【ポイント】
核兵器の開発以来、米国の核戦略は「ニュー・ルック」「大量破壊」「確証破壊」戦略など変遷を重ねたが、沖縄は戦略・戦術核兵器の両面において、一貫してアジア方面最大の核基地でありつづけた。沖縄返還の後も、「非核三原則」の背後でおこなわれた「通過」の密約や戦時持ち込みの密約によって、在沖縄基地は米核戦略の環に組み込まれていた。

〔核基地沖縄〕

沖縄は、米国の前進配備戦略において「太平洋の要石《かなめいし》」とされる重要拠点であり、駐屯軍は最強の兵器である核兵器で武装していた。一九六二年には議会で陸軍次官などが、「沖縄は極東唯一の核武装基地である」と証言している。米政府の情報公開制度においても、核兵器関連事項は非公開のものが多いが、それでも多くの事実が近年の秘密解禁文書などによって明らかになっている。

〔一九五〇―六〇年代〕

一九五三年から五四年にかけて、沖縄に核兵器が配備されたと思われる。空軍秘密解禁文書に五三年に「極東」に核攻撃部隊が配置されたと記述されているが、上記陸軍次官の発言からも、沖縄の米軍基地のことであろう。それ以前から、海外基地は米本土から発進する核攻撃航空部隊の中継基地として予定されていたが、この頃には核部隊も前進配備されるようになっていた。五三年の計画では、ソ連への核攻撃隊として、米本土や海外基地から大・中型攻撃機二九個部隊が出撃することになっており、うち中型機二隊が「極東」からの発進を予定されている。

一九五七年には、在沖の第三海兵師団司令部が、沖縄がソ連軍の侵攻を受けた場合に、占領された重要地点に二〇三ミリ榴弾《りゅうだん》砲やオネスト・ジョン地対地ミサイルを用いて「核火力支援」をおこなうとして、嘉手納《かでな》や普天間《ふてんま》、読谷《よみたん》の航空基地、金武《きん》ビーチ、重要橋りょうなど二一ヵ所を、「事前選定目標」「随時目標」として指定していた。この年には、国防総省は沖縄に核弾頭装填《そうてん》可能なナイキ対空・対地ミサイル基地八ヵ所を建設中と発表している。

一九五三―五四年と五八年の二度にわたる「台湾海峡危機」では五八年の場合が特に深刻であり、空軍や戦略空軍の秘密解禁文書によれば、統合参謀本部では中国の廈門《アモイ》などの軍事拠点や上海空港を広島原爆級の「低出力」核兵器で「限定」攻撃することが計画されていた。五八年時点で、嘉手納基地にはこの目的にかなうものとして、八キロトンから一〇メガトンの爆発威力をもつ核爆弾の「Mk―6」と「Mk―39」が配備されており（広島原爆は二〇キロトン未満）、各種戦術核を含めて計二四〇個の核兵器が常備されていた。

　これが実行されれば一〇〇万人単位の死傷者が見こまれ、また台湾や第七艦隊、米軍基地に対する核反撃も予想され、広範囲な核戦争に展開する可能性が高かった。統合参謀本部は、沖縄への報復核攻撃も予期していた。中国が核武装をする以前のことであるので、それは中ソ同盟条約の発動によって、米ソ間の核戦争に拡大することを意味している。一九五八年の危機の初動では、府中《ふちゅう》基地に司令部を置いていた第五航空軍は台北《タイペイ》に准将を長とする現地司令部を置き、在比第一三航空軍の支援を受けながら戦域航空作戦を担当した。那覇基地から二三機のF86―D戦闘機が四時間強で到着するなど多数の航空機やマタドール・ミサイル部隊、ナイキ・ミサイル部隊などが台湾に集結した。ナイキ部隊は、核作戦になれば沖縄などから核弾頭を空輸する計画であった。台湾防衛（フェイズI）から中国本土攻撃作戦（フェイズIII）に発展すれば、戦略空軍司令官が指揮をとることになっていた。この当時、米国の対中国戦争計画の基本は核戦争であった。中国本土攻撃部隊は主に沖縄基地に集結したが、多数機が集中して嘉手納が混雑したため、「中型」のB―57爆撃機部隊は那覇基地に移動している。

　一九五九年には、第五航空軍は「クイック・ストライク」計画を策定し核攻撃目標としてソ連・中国・北朝鮮の三二カ所を指定している（その後増加）。三沢《みさわ》・入間《いるま》・嘉手納・韓国烏山《オサン》基地所属の攻撃機が使用される予定で、嘉手納では常時二機が核爆弾を搭載して一五分待機の態勢をとっていた。

　一九六〇年、米国下院は中距離核ミサイルの「メースB」

●― 核爆弾「Mk-6」（出典：Hans M. Kristensen, "Nukes in the Taiwan Crisis," Federation of American Scientists, May, 2008.）

の基地を沖縄に建設することを承認し、琉球立法院は即座に全会一致で反対決議をしたが、配備は実行された。六一年六月に訪米した池田勇人《はやと》首相は、ケネディ大統領が、共産主義者の返還要求に抗し沖縄を維持することは東アジアと西南アジアで自由陣営を維持するための日米共通の利益だと述べたのに対して、日本国内では核兵器の持ち込みに反対が強く、沖縄が核兵器基地として維持される必要を「完全に理解」していると応えている。

一九六二年一〇月に起こった「キューバ危機」においては、在日米軍は「警戒体制（デフコン）２」という戦争寸前の緊急態勢をとり、三沢基地所属の戦闘機が韓国の群山《クンサン》基地に飛び、嘉手納基地から運ばれた「核弾核（Core）」を弾体に装着して待機したことが、東奥日報の資料発掘と取材によって明らかになっている。すでに危機勃発前の九月六日に、フルシチョフ首相は訪ソした米閣僚に核兵器が日本領域に配置されていると言い、米国がキューバを攻撃すれば、米国が核配備をしている国から一国を選んで攻撃すると警告している。キューバでの開戦は、米ソ世界戦争の開始を意味した。

同年一二月には、ラオスを中心とする南西アジア情勢の緊迫化によって、「デフコン２」がふたたび発令され、沖縄にいた空母部隊は急遽南シナ海に向かっている。翌六二年三月にも「デフコン２」となり、太平洋方面軍秘密解禁文書によれば、沖縄にいた空母レキシントンをはじめ、計四隻の空母が南シナ海に集結して「ＳＩＯＰ」発動の場合に備えた。「ＳＩＯＰ」とは、各軍種を統一した核攻撃作戦のことである。西太平洋という東西対立の最前線で核戦争即応態勢で行動する第七艦隊の艦船が、核武装をしていることは常識であった。一九六五年には、空母タイコンデロガが沖縄近海八〇マイルの地点で、核爆弾を搭載した攻撃機を海に転落させるという事故を起こしている。

〔沖縄返還〕

沖縄返還の時点で、在沖米軍基地に配備されていた核兵器の数は一二〇〇個に達していたと言われる。軍部は返還や核撤去に抵抗したが、沖縄と本土の民衆運動の高まりを前にして、日米政府は「核抜き返還」に方針の転換を余儀なくされる。しかし当時は、戦略核兵器は核爆弾からＩＣＢＭ（大陸間弾道弾）やＳＬＢＭ（潜水艦発射弾道弾）へと比重を移し、沖縄配備のメースＢもすでに旧式化していた。核爆弾や戦術核兵器についても、即応戦力は第七艦隊の艦載核兵器や韓国・フィリピンなどの基地で代替が可能であり、平時の核撤去は、米政府にとっては返還交渉や繊維貿易摩擦など日米関係全般を有利に進めるための取引カードとなっていた。

ニクソン政権は戦時の核再持ち込みを平時撤去の条件としたが、佐藤栄作首相はこれを受け入れながら公表せず、日米間の「密約」となった。復帰二年後の一九七四年に、嘉手納の第一八航空団は「SIOP非即時待機任務」を指定されており、戦時にはグアムなどから核兵器の持ち込みが予定されていたことがわかる。（→①沖縄戦と土地収用、⑫沖縄返還）

〈原発の導入〉

ソ連の核実験によってアメリカの核の独占が破れると、アイゼンハワー政権は「平和のための原子」政策を掲げて、平和利用の名の下に原子炉の輸出と核技術・核物質供給の支配へと乗り出した。一九五四年のビキニ核実験のさいに第五福《ふく》竜丸《りゅうまる》被曝《ひばく》事件が起きて反核・反米感情が高まると、米国は核への反感を払拭するための対抗キャンペーンとして、原子炉の日本への導入をはかる。研究炉のほか、正力松太郎《しょうりきまつたろう》読売新聞社主（初代原子力委員長・科学技術庁長官）など日本政財界の原発推進派の利益とも合致して、東京電力福島発電所などに米国製原子炉が導入されていくことになった。

原子炉を運転することによって、原爆材料のプルトニウムが生産される。米ソ核兵器超大国の利益が一致して一九六〇年代後半にNPT（核不拡散条約）体制が作られたが、日本やドイツなどは第二次大戦戦勝大国の核兵器独占体制であるとの不満を隠さず、なかなか参加しなかった。この頃、佐藤政権は極秘裏に内閣調査室において原爆製造の可能性を検討し、米国へもその意思を示唆している。結局は米国に従ってNPTに参加するが、日本は原爆開発を断念したわけではなかった。

外務省秘密解禁文書では、非核武装で「二流国」扱いされるのは耐え難いこと、国際査察の下でも秘密裏の原爆製造は可能であること、日本が将来核武装するだろうことが語られ、当面は「潜在的核保有国」として核技術とプルトニウムを維持することが省内の共通意見だとされている。原発の運転や増殖炉など核燃料サイクルの研究は、潜在的核保有国でありつづけることの保証であった。それは現在にもつづく潮流であり、二〇一一年八月に、石破茂《いしばしげる》自民党政調会長（当時、元防衛庁長官）は、脱原発の世論の高まりに抗して、原発を廃止すると潜在的核保有国の立場も失うことになると「警告」している。日本のプルトニウム保有量は、二〇一〇年に国連指標で原爆五六〇〇発分以上に達している。

（島川雅史）

〈参考文献〉太田昌克『日米「核密約」の全貌』（筑摩選書二〇一一年）、島川雅史『アメリカの戦争と日米安保体制』第3版（社会評論社二〇一一年）

Theme 10

新安保条約

●どのような問題があるか

【ポイント】
旧安保条約と比較すると、新安保条約では自衛隊の増強や在日米軍基地への共同防衛が義務づけられるなど、軍事同盟の性格が一層強くなった。そして新安保条約締結にさいしても多くの密約が結ばれた。

〈旧日米安保改定と新安保条約締結〉

一九五一年九月八日、日本はサンフランシスコ平和条約と同時に、日米安保条約（旧安保条約）にも調印、一九五二年四月に発効した。旧安保条約には日本を守る義務が明記されていなかったり、日本の内乱や騒じょうにさいして米軍が軍事介入できるという「内乱条項」（一条）は独立国とは言えないとの批判が多かった。そこで岸首相が旧安保改正をアメリカに打診した。

当初、アメリカは消極的だった。ところが日本では反基地闘争、とりわけ一九五三年、米軍試射場の無期限使用に反対した市民と警官が対立した「内灘事件《うちなだ》」、立川基地《たちかわ》の拡張への抵抗運動である「砂川事件《すながわ》」などを通じて反米の機運が高まってきた。日本本土で反米基地運動、反安保運動が激化するにつれて、アメリカ政府も日米安保体制が危機に陥る可能性があると考えるようになった。日本の基地が必要だと考えるアメリカは日本でのこうした反米の動きを無視できず、日米安保条約の改定交渉に応じる政策転換をした。

一九五八年一〇月から安保改定の交渉がはじまった。そして一九六〇年一月一九日に新日米安保条約が署名され、六月一八日に自然承認、二三日に批准された。この条約には多くの国民が反対し、国会には二〇〇〇万人分を超える「新安保条約承認反対」請願《せいがん》が提出された。一九六〇年五月一九日、岸信介《のぶすけ》内閣は国会に警察隊を導入、衆議院で新安保条約を強行採決したが、その後の国会周辺では、連日二〇万人を超える学生や市民がデモをおこなった。六月一五日は全学連の学生デモ隊が国会に侵入、容赦なく暴力をふるう警察とのもみ合いの中で東大の女子学生が死亡、五五五人が負傷した。

六月一八日の自然承認の日には三三万人のデモ隊が国会を囲んだ。岸首相は安保反対派の国民を自衛隊に鎮圧させようとして「治安出動」（自衛隊法七八条）を防衛庁長官に要請した。防衛庁長官は首相の命令にしたがわなかったが、じっさいに市ヶ谷の自衛隊には陸上自衛隊の戦車五〇車両が待機するなどの態勢を整えていた。こうした騒ぎのため、アイゼンハワー大統領は予定していた訪日を中止した。安保騒ぎに警察が駆り出されたので泥棒の検挙率がさがり、交通事故は増加した。

朝日新聞

安保新条約、ついに自然承認

社党、不承認を宣言

官房長官談 "反対は一部分子"

デモ、徹夜で国会を包む

一般市民参加、目立つ

三十三万を動員 国民会議の発表

新条約は違憲 院内外の闘争強化

"批准前に岸退陣" 中間派によびかけ

米、国会承認を喜ぶ

与党議員、院外へ退去

●— 1960年6月19日付『朝日新聞』

〔新日米安保条約の内容〕

まず、旧安保条約での不平等の象徴ともいえる「内乱条項」は新安保条約では削除された。そして、新安保条約には米国による日本の防衛義務が明記された（五条）。「継続的かつ有効な軍事協力」をアメリカにも提供できない場合にはその国との軍事条約を結ぶことができないという内容の「バンデンバーク決議」（米上院、一九四八年）があり、それを理由に旧安保条約では米軍による日本の防衛義務が明記されなかった。しかし改正された日米安保条約では米国の日本防衛義務が明記された。ただし日本自身もいっそうの軍事増強義務を負うことになった。さらに在日米軍基地が攻撃されたさい、日本も攻撃に対処する義務を負う（五条）。日米安保の対象は「極東《きょくとう》」とされているので、日本でない極東でアメリカが軍事行動を起こしたさい、アメリカの敵国が在日米軍基地に攻撃する事態が予測される。

たとえばこの条約が国会で審議されていた一九六〇年五月、スパイ活動をおこなってソ連領空に侵犯《しんぱん》した米軍機U2をソ連は撃墜した。ソ連のフルシチョフ首相は「U2が飛び立つ基地を攻撃する」と発言した。そのU2（黒いジェット機）は厚木基地に三機配備されており、撃墜事件の翌日には厚木基地の米軍は特別の防空演習をしていた。このように、米軍基地があるために日本も攻撃対象になる可能性がある。そして、かりにこうした攻撃を受けたさい、新日米安保条約では日本も武力で対処をする義務を負う。こうした武力対処はアメリカの軍事活動を支援することになり、歴代政府の見解でも憲法九条で禁止されている「集団的自衛権」の行使となる可能性が高い。また、旧安保条約に関して不平等の最たるもののひとつであった「行政協定」も「日米地位協定」と姿を変えて引き継がれた。

〔日米安保と沖縄〕

新安保条約でも「沖縄」は対象地域から外された。なぜか。与党であった自民党からは「事前協議が適用されることによって沖縄に核などを持ち込めず、日本の安全が脅かされる」との意見があった。いっぽう、野党の社会党からは、「アメリカの戦争に巻き込まれる」との懸念《けねん》があった。第二次世界大戦末期、天皇などの権力者は東京から長野県の松代《まつしろ》に逃げる準備をするいっぽう、本土上陸への時間稼ぎのために沖縄では言語に絶する地上戦がおこなわれた。一九四七年九月、昭和天皇は、米軍が沖縄を二五年から五〇年、それ以上にわたって支配することは、アメリカだけでなく日本の利益にもなるという意向をGHQに伝えていた（いわゆる「シーボルト書簡」）。

一九五〇年代、日本本土で反米基地運動がさかんになり、このままでは日米安保が危機におちいると考えたアメリカはキャンプ岐阜、キャンプ富士（山梨）、静岡県御殿場《ごてんば》市、滋賀県大津市、奈良市、堺市、神戸市などに駐留していた海兵隊などを日本本土から撤退させたが、その撤退先こそが沖縄だった。今でこそ「在日米軍の七四パーセントが沖縄に集中する」と言われるが、一九五〇年代はじめは米軍基地の九〇パーセント近くが日本本土に置かれていた。このように、沖縄は日本本土の「捨石《すていし》」にされつづけてきたが、日本本土のために沖縄が見捨てられたのは安保改定時でも同様だった。

〔事前協議と密約〕

在日米軍が極東で自由に軍事行動ができるとなれば、日本が戦争に巻き込まれる可能性が高くなる。そうした事態におちいらないために設けられたのが「事前協議」だと説明された。事前協議に関しては「岸・ハーター交換公文」に明記されており、「配置における重要な変更」「米軍の装備における重要な変更」「日本から行なわれる戦闘作戦行動」のさいには日本政府との事前協議が必要とされている。国会では、事前協議のさいに日本が主体的に判断し、アメリカの要請を拒否することもあるとの答弁がされている。

しかし、実際には事前協議がおこなわれたことは一度もなく、骨抜《ほね》きにされてきた。たとえば「日本から行なわれる戦闘作戦行動」。ベトナム戦争、湾岸戦争、アフガン戦争、そしてイラク戦争のさいにも在日米軍基地から米軍は出撃して戦闘行為に参加している。これは「日本から行なわれる戦闘作戦行動」だが、事前協議はおこなわれていない。

そして、「日本から行なわれる戦闘作戦行動」に関しても密約が存在する。朝鮮有事のさいの自由出撃に関しては、事前協議がおこなわれたとしても「イエス」と返答をするとの密約である。また、「米軍の装備における重要な変更」。二〇〇八年には空母「キティホーク」に代わり、原子力空母「ジョージ・ワシントン」が横須賀米軍基地に配備された。これなども「米軍の装備における重要な変更」であり、とうぜん「事前協議」の対象になる。しかし事前協議はおこなわれていない。そして核の持ち込み。核の持ち込みは事前協議の対象であり、事前協議がおこなわれれば日本は拒否するとの答弁が国会で繰り返された。国会で赤城《あかぎ》防衛庁長官は「核装備をしなければ、あえて通知は必要ないでしょうが、核装備をして入ってくるときには、核装備をして入りたいけれども、事前協議をしたいが、どうか、こういうことになると思います」と答弁したさい、議場は爆笑の渦に包まれたという（一九六〇年四月一九日衆議院日米安保条約特別委員）。この爆笑に示されているように、赤城防衛庁長官のこの答弁を真に受ける者はだれもいなかっただろう。

じっさい、ここでも日米安保条約にお決まりの「密約」が大暗躍していた。たとえば核搭載の艦船や航空機の日本の領空、領海の通過、寄港は「事前協議」の対象となる核の「持ち込み」には当たらないとの密約が存在した。また、緊急時に沖縄に核兵器の持ち込みの事前協議がされたら、日本は「イエス」と返答するとの密約が佐藤栄作《えいさく》首相とニクソン大統領との間で結ばれていた。「持たず」「作らず」「持ち込ませず」という「非核三原則」は日本の国是《こくぜ》とされてきた。こうした「国是」は虚構であり、一九七四年の「ラロック証言」、一九八一年の「ライシャワー証言」などで核の持ち込み疑惑が出たが、歴代自民党政権は密約の存在を否定しつづけた。しかし民主党が政権交代後におこなった、専門家の調査によって、核の持ち込みなどに関する密約の存在が政府からも明らかにされた。

（飯島滋明）

〈参考文献〉我部政明『日米安保を考え直す』（講談社、二〇〇二年）、二見伸吾『ジョーカー・安保―日米同盟の60年を問う』（かもがわブックレット、二〇一〇年）

Theme 11

復帰運動と基地

●基地はどう変化したのか

【ポイント】
「基地のない沖縄」実現を目指した沖縄県民の祖国復帰運動は、日米両政府によって沖縄基地の「共同管理」体制にすり替えられた。両政府は在日米軍基地を沖縄一県に集中させることで、安保、基地問題を一地域の問題として封じ込めた。

〈復帰運動は終わっていない〉

沖縄返還は、戦争で失われた領土と県民を平和的な交渉で日本が米国から取り戻した外交の成功例として評価されているが、当事者の沖縄県民にとってはどうだろうか。いまなお、沖縄の人々は基地の重圧にあえぎ、居座る米軍基地に対する反対運動をつづけている。これは形を変えた「基地のない」沖縄を目指す「復帰運動」である。

米軍占領後まもなく、素朴な民族主義的な感情からスタートした沖縄の人々の復帰運動――それがなぜ復帰が実現した一九七二年五月一五日には、「自衛隊配備反対、軍用地契約拒否、基地撤去、安保廃棄『沖縄処分』抗議、佐藤内閣打倒五・一五県民総決起大会」(復帰協主催)になったのか。

復帰運動は米軍占領後間もない一九四五年八月一三日、米軍収容所にいた有志が「対日講和の際、沖縄は日本の一部として残るように、配慮方をワシントン政府に進言してもらいたい。これには理論も理屈もなく、沖縄人は日本人であり、子が親元に帰りたがるごとく、人間自然の感情からである」との陳情書を米軍隊長に提出し、その後、在京の有志も含めてマッカーサー司令部に陳情したことからはじまる。

マッカーサー連合国最高司令官は一九四八年に、沖縄を「西太平洋地域における米攻撃力の中心とする。沖縄は、アリューシャン列島、琉球諸島およびグァム島を包含するU字型の米安全保障地帯のの中心であり、最前線地点となる」と戦略的に位置づけていた。

トルーマン大統領が「対ソ封じ込め」政策を宣言し、アメリカは原爆と重爆撃の核攻撃力独占を背景に「全面戦略」を取っていた。米軍首脳は、「沖縄の無期限保持」を表明し、一九四九年七月には、沖縄の米軍施設建設費五〇〇〇万ドルを計上し、沖縄基地の本格的な建設がはじまり、沖縄基地の骨格はその時に出来上がった。

沖縄の人々の間に、一時的な占領ではないとの不安が広がり、組織的な復帰運動が公然化した。しかし、当時、冷戦を戦っていたアメリカは沖縄を共産主義封じ込めの基地として位置づけ、復帰運動をアメリカの政策に敵対する反米、共産主義者の運動とみなし、徹底的に弾圧した。一九五一年九月八日、サンフランシスコ平和条約が締結され、日本は独立を回復、同条約第三条によって沖縄は日本から切り離され、アメリカの施政下に置かれた(旧日米安保条約も、講和条約と同時に締結された)。沖縄の人々の不安は現実になった。

アメリカは占領当初から沖縄を軍事基地として使用する以外に、領土的な野心はないことを明らかにしていた。

一九五四年二月五日付、米国民政府(米軍)オグデン副長官宛て書簡で、沖縄諸島祖国復帰期成会の屋良朝苗《やらちょうびょう》会長は「われわれの祖国日本は、日米安全保障条約によって、米国と緊密な協力関係にあるのであって、日本本土内にも維持している。沖縄が日本に復帰すれば、沖縄基地は当然同条約によって維持できるとわれわれは考える」と述べ、沖縄の施政権を日本に返還しても米軍基地の使用には支障ないとの理屈で、米側を説得しようとした。

米軍側に弾圧の口実を与えないように沖縄の指導者たちは米軍に融和的な姿勢を取っていたのである。

アイゼンハワー政権は、統合参謀本部議長ラドフォード海軍大将の「周辺戦略」(大量報復戦略)を打ち出した。ソ連と中国を仮想敵国にし、小型戦術原子兵器を通常兵器と同様に扱い、限定局地戦争での使用を必要な手段と認めた。

沖縄の核基地化が進められ、一九五七年から六二年かけてメースB、ナイキ・ハーキュリーズ、リトルジョンなどの核ミサイルが配備された。米軍は占領後いったんは住民に解放した土地の再接収や新規接収をはじめた。軍用地の一括払いをめぐって島ぐるみ反対闘争が盛り上がった。一九五四年に復帰期成会が自然消滅し、復帰運動は挫折と中断を余儀なくされたが、四原則貫徹の土地闘争や集成刑法、教育布令撤廃などの人権闘争に継承された。

一九六〇年代へ向かって、アメリカは米ソ平和共存、中国封じ込め政策を打ち出し、日米軍事同盟を強化する必要から安保条約の改定に取り組む。本土では六〇年安保闘争が激しくなった。沖縄では一九六〇年四月二八日、官公労、教職員会、沖青協三団体が世話役になり、政党、労組、民主団体などが参加して、「沖縄県祖国復帰協議会」が結成された。

「対日平和条約第三条の廃棄または権利の放棄による、旧沖縄県の完全復帰を期す」「祖国復帰に備えて万全の体制をつくる」などの行動綱領を掲げた。以後、復帰協が沖縄の反基地、反安保闘争や人権、自治権回復など幅広い問題の大衆闘争の推進母体になる。最初に取り組んだのは一九六〇年六月一九日、沖縄を訪れたアイゼンハワー大統領への復帰請願デモだった。デモ隊と米軍・警官隊が衝突した。

〔ベトナム戦争出撃基地に〕

一九六〇年代に入り、マックスウェル・テーラー陸軍大将が「全面核戦争を想定した軍事力だけでは、共産主義の政府転覆やゲリラ戦略に対抗することはできない」と主張、ベトナム戦争などでは、核兵器に依存した大量報復戦略では対応できない、と指摘した。

ケネディ大統領は、テーラー大将を軍事顧問に迎え、「柔軟反応戦略」を検討させた。戦術核兵器中心のペントミック師団は通常火力を重点にしたロード師団に再編成されるとともに、グリーンベレー（第一陸軍特殊部隊）のような特殊部隊も編成された。柔軟反応戦略はアジアでは前進戦略という形をとり、紛争の予想される共産圏周辺に前進基地群を配置し、沖縄はその要石《かなめいし》として重視された。また、北ベトナムの偽札《にせさつ》をつくり、電波、印刷物によるプロパガンダ作戦に従事し、ベトナム戦争の影の部分で重要な役割を演じた陸軍第七心理作戦部隊も配置された。陸軍第二兵たん部隊の牧港《まきみなと》補給基地はトイレットペーパーからミサイルまでベトナムの戦線に補給した。北部訓練場では対ゲリラ訓練が実施された。

一九六五年二月八日、沖縄の米海兵隊航空ミサイル大隊が南ベトナムのダナンに派遣されるなど沖縄は米軍のベトナム戦争への出撃基地としてフル回転した。それにともない米軍演習の激化、事故被害、住民に対す米兵犯罪が頻発し、復帰協を中心にした抗議運動が高まった。一九六七年一一月に米軍基地に働く沖縄人労働者で組織する全軍労が復帰協に加盟し、米軍基地を内外から揺さぶる闘争が展開された。一九六八年二月五日、嘉手納基地に飛来したB—52戦略爆撃機が居座りつづけ、同年一一月一九日に墜落炎上し、島ぐるみのB—52撤去闘争が取り組まれた。

一九六〇年代の終わりから七〇年代のはじめにかけてアメリカのアジア政策、戦略は、ニクソン・ドクトリンで一大転換を遂げた。これは①アメリカは全ての条約の義務を守る②核保有国が同盟関係にある国、またはその国の存亡がアメリカおよびアジア地域全体の安全保障にとって重要とみなされる国の事情を脅かすなら、アメリカは保護を提供する③その他の形の侵略にさいしては、アメリカは要請があり、かつ適当と認めるときは軍事、経済援助を与える④しかし、アメリカは直接、脅威を受けている国が防衛力のための兵力を提供し、主たる責任を担うことを期待する—などの諸原則から成り立っている。

狙いは、局地防衛任務は同盟国の軍隊にやってもらって、アメリカは海外の駐留基地から地上戦闘部隊を撤収し、軍事費を節約することにあった。この背景には、アイゼンハワー政権下の六〇年秋からはじまり、ケネディ、ジョンソン、ニクソンと四代の政権に受け継がれた「ドル防衛」政策があった。アメリカは第二次大戦、朝鮮戦争、ベトナム戦争と四分の一世紀もつづいた戦争で疲弊した国力とドル危機から脱却するために肥大化した海外駐留部隊のぜい肉をそぐ必要があった。

アメリカは「経済大国・日本」に沖縄基地の膨大な維持費を分担させ、海外駐留経費を節約し、と同時に戦後二七年間の異民族支配で、先鋭化し、基地の存在にとっても脅威になってきた住民感情を、日本政府を間に置くことによってそらすことができた。日本政府は米国に沖縄基地の安定的な使用を保障することによって、日米安全保障体制を強化することができたのだ。両政府にとって沖縄返還は軍事同盟の実質的なスタートだった。

〔基地沖縄を日米で共同管理〕

一九六九年一一月の佐藤・ニクソン共同声明で沖縄の施政権が一九七二年に日本に返還されることが決まったが、復帰協は「安保闘争と結合させた復帰闘争」に取り組んだ。

「日米共同声明は、沖縄の核基地を安保条約の適用範囲に含めることによって、日本全土を核武装化し、日本の軍国主義の復活とアジア、核安保体制を確立する意図のもとに、沖縄の核付き、基地の自由使用を打ち出し、沖縄を日米で共同管理し、県民に犠牲と屈辱の十字架を押し付けようとしている」と情勢分析、「日米共同声明路線を粉砕し、沖縄の完全復帰をかちとろう」、「安保条約を廃棄し、憲法改悪、軍国主義復活を阻止しよう」、「ベトナム、カンボジアの侵略戦争に反対し、アジアにおける緊張の根源である一切の軍事基地を撤去させよう」などの闘争目標を決めた。

不幸にして復帰協の情勢分析は大部分正しかった。復帰四〇年後のいまも日米両政府は沖縄において米軍、自衛隊基地維持という軍の論理を最優先している。（高嶺朝一）

〈参考文献〉祖国復帰闘争史編纂委員会『沖縄県祖国復帰闘争史　資料編』（沖縄時事出版、一九八二年）、写真集『沖縄戦後史』（那覇出版社、一九八六年）

Theme 12 沖縄返還

●沖縄統治の根拠とは何か

【ポイント】
沖縄返還とは、アメリカの沖縄統治の根拠とされた施政権が、一九七二年五月一五日に日本に返還されたことを指す。沖縄返還によって米軍基地が返還されたことでもなければ、沖縄の人々に施政権が返還されたわけでもなかった。

〔平和条約第三条〕

沖縄の施政権の返還先が、なぜ日本なのか。それは、沖縄が日本の領土の一部であり、そこに暮らす人々は、日本人であると連合国と日本の間で確認されていたからである。

一九五一年九月八日に調印されたサンフランシスコ平和条約の第三条は、つぎのように記されている。

日本国は、北緯二十九度以南の南西諸島（琉球諸島及び大東諸島を含む。）孀婦《そうふ》岩の南の南方諸島（小笠原群島、西之島及び火山列島を含む。）並びに沖の鳥島及び南鳥島を合衆国を唯一の施政権者とする信託統治制度の下におくこととする国際連合に対する合衆国のいかなる提案にも同意する。このような提案が行われ且つ可決されるまで、合衆国は、領水を含むこれらの諸島の領域及び住民に対して、行政、立法及び司法上の権力の全部及び一部を行使する権利を有するものとする。

ここに二つある文章の主語と述語（下線の箇所）に注目してほしい。最初の文章は、日本国が主語となっている。沖縄が含まれる南西諸島や小笠原諸島を信託統治にするというアメリカが、「将来のいつか」提案するとき、日本は「この調印の時点であらかじめ」同意しているという。なぜ日本の同意が必要となるのか。沖縄が日本の領土であるから、その処理に日本の同意が不可欠だったからだ。もし日本の同意を欠いたままに、信託統治にするとなれば、アメリカは日本の領土を奪ったことになるからだ。その結果、日本人は領土を奪われたことでアメリカを恨むことになり、日米関係はうまく運ばなくなりかねない。

二番目の文章は、主語がアメリカとなっている。最初の文章でいう信託統治の実現する「までは」、アメリカが沖縄の施政権をもつ、という。そして、その施政権を使いそして止める「とき」と、どの「範囲」かは　米国が自由に決められることができる、とされている。まず、アメリカは信託統治を提案してもよいが、提案しないときは、いつまでも沖縄を自由に統治できる権利を得たのである。

この第三条を含み、連合国による占領から日本が再び国際社会の一員としての復帰が許されたサンフランシスコ平和条約は、日本と主要な連合国との間で調印された。つまり、アメリカの沖縄統治は、日本の承認のもとで、アメリカに施政権を与えることを通じて、おこなわれた。

〈返還合意〉

アメリカが沖縄統治を行ったのは、施政権があれば、沖縄で自由に基地を建設し自由に使える、という論理であった。基地が自由に使えるのだとしたら、アメリカが沖縄の施政権を必ず持たなければならないのか、という疑問が生まれる。

アメリカは一九六五年以降、ベトナムへ本格的介入を進めていた。日本においては、ベトナム戦争への反対機運が高まりをみせ、親米政権である自民党優位が陰りをみせていた。米政府内では、沖縄の基地と施政権とを切り離せるのかどうか、一九六五年一二月以降、検討がおこなわれた。基地を使う立場に米軍部は、施政権がないと自由に使えなくなることを理由に返還に反対した。当時の日本にある米軍基地の価値に比べると、ベトナム戦争を進める上で、自由に使える沖縄の基地の保有が最優先されるべきで、沖縄は重要視されていた。

もういっぽうで、米政府内では、一九六〇年六月に発効した日米相互協力安全保障条約が効力の切れる一〇年後の一九七〇年を迎えたとき、安保条約の更新がうまく運ばなくなれば、日本から米軍の全面撤退となるだろうという懸念の声が、上がっていた。日米関係に突き刺さった「トゲ」は、沖縄問題だと判断されていた。ベトナム戦争を遂行する軍部の了解をとりつけて、一九六七年一一月までに沖縄の施政権返還へとアメリカは動き出した。

それに対し、日本では領土回復の視点から佐藤栄作・自民党政権は、沖縄返還を政治課題として取り上げて、一九六四年一二月から米側へ打診を行っていた。対等な対米関係は、国内政治的には、人気をあげるスローガンではあった。しかし、アメリカに対し基地の使用をめぐって日本の国内事情の難しさを理解してもらうのが、当時の日本外交の重要な仕事であった。そのため、佐藤政権は沖縄返還を掲げたものの、国内政治や党内政治の視点から交渉を立てたため、米側の意向を読み取れずに、返還の具体的態様や時期などについて米側と間で詰めることが出来なかった。その結果、日米とも一九六七年という機会を逸した。翌一九六八年は米大統領選挙が予定され、米側の都合で沖縄返還という日米の最重要課題への取り組みは進まなかった。

〔代償としての密約〕

ニクソン政権がスタートした一九六九年一月二一日に、沖縄の施政権返還の検討がはじまった。前政権時代の検討材料を生かして、五月には米側の返還交渉に向けての基本方針が定まった。佐藤が主張する「核抜き・本土並み」条件つき沖縄返還の目標に対し、自由に使用できる基地の確保（基地権）を最優先として、核兵器の撤去について大統領の判断に委ねる、つまり核撤去にいずれ同意するが、交渉の最後までアメリカの態度を明らかにしないことにしたのであった。

佐藤は「核抜き」要求に対する米側の態度が読み切れず、強硬に要求すると沖縄返還そのものが実現しなくなるとの不安に駆られていた。米側の最優先事項の基地の自由使用に、ほとんど異を唱えることはなかった。米側の交渉担当者たちは、日本で発効していた地位協定の沖縄で適用や事前協議制度の運用について、満足できないでいた。たとえば、アメリカの納税者のお金を投入して建設された基地が、地位協定上、返還後に直ちに日本政府への提供施設となることへの不満であった。また、運用が曖昧な事前協議制を適用して、実際にベトナムへの戦闘作戦行動が取られている沖縄の基地の使用を制限するものだと理解されていた。

これらのうち前者は、返還にともなう財政取り決めとして秘密の日米合意（財政密約）へと向かい、沖縄返還後の日本と沖縄にある米軍基地の整備と運営への財政支援の原型となった。いわゆる「思いやり予算」と呼ばれ、米軍基地内の光熱費、日本人従業員の事件費、建物や施設の建設費、訓練に移転費などの日本負担、つまり日本人の税金が回されている。また後者は、米側から共同声明のなかの文言や佐藤首相の演説のなかで、朝鮮半島（韓国条項）や台湾（台湾条項）での危機に際して、事前協議において肯定的回答を行うばかりか、沖縄や日本からベトナムへの戦闘行動の出撃を容認するよう求められた。内容よりも、日本の国内政治へ配慮した表現に替えたことで、日本側は受け入れた。米側の求めた自由使用は、事実上、日本の承認を得た。今日では、沖縄だけでなく日本の基地は、日本防衛ではなく、韓国、台湾、南シナ海を越えインド洋、ペルシャ湾、アフガン、イラクへと出撃する拠点として使われている。

〔核密約〕

核兵器の撤去については、事前協議制についての密約の存在に抜きに語れない。現行の日米安保条約調印（一九六〇年一月）に付随して作られたのが事前協議制である。これは、日本にある基地の使用について日本側との協議を定めた制度である。対等な日米関係であると強調したかった当時の岸信介《きしのぶすけ》（佐藤栄作《さとうえいさく》の実兄）自民党政権が国内事情を背景にして提案して、米側の同意を得て作成された。日本占領以来、自由に基地を使えてきた米軍の活動を制限に加えることを拒否する米側との間で、協議の対象からはずす秘密の日米合意を作成し、同時に協議制度を公表したのだった。公表当時から事前協議制の具体的運用については明らかにされず、安保・外交政策の批判点の一つとなっていた。米側公文書の公開から明らかになった主な点は、（1）事前協議の対象とされる核兵器の「持ち込み」とは配備、貯蔵を指す、（2）核兵器を搭載した艦船の日本への入港は事前協議の対象としない、（3）部隊の「移動」は、直接出撃に含まれない、などの密約が、事前協議制を裏で支えていた。加えて、日本防衛に直接に関わる事態まで至っていない朝鮮半島での武力衝突が起きたとき、事前協議を経ずに日本は日本の基地からの米軍の直接出撃を認める密約を交わしていた。

沖縄からの核撤去をめぐる佐藤首相とニクソン大統領の間で交わされた密約は一九六九年当時から噂された。密約を結ぶ密使として活動した若泉敬《わかいずみけい》が、一九九五年に出版した自身の著書で、密約の存在を明らかにした。そして、両首脳の署名入りの密約文書が、二〇〇九年一二月には佐藤栄作邸で見つかった。それによると、アメリカが必要だと判断したときに当時の沖縄にあった弾薬庫（嘉手納《かでな》、辺野古《へのこ》、那覇）へ核兵器の「再持ち込み」をおこない、「貯蔵」をすることを事前協議制のもとで日本側が予め認めるという約束であった。この密約が秘密とされたのは、六〇年の段階で核の「貯蔵」が事前協議の対象とされていることも密約をなし、もし実際に貯蔵のことで協議がおこなわれたときの日本側の回答に不安を感じた米側が、予め貯蔵を認めるように求めたからだった。ここでは、上述して事前協議の対象外を決めた一九六〇年の密約で使われている「持ち込み（introduction）」の表現を避け、「再持ち込み（re-entry）」を使い、二重の意味での核密約であり、密約のなかの密約であった。

沖縄の施政権返還は、一九六九年一一月二一日、首脳会談三日目に共同声明として発表された。その後、協定の冒頭は、サンフランシスコ平和条約第三条で規定されたアメリカの権利の放棄と日本の引き受けとを明記している。一九七二年五月一五日に沖縄県が設置された。

（我部政明）

Theme 13

思いやり予算

●巨額の負担はいかに生まれたか

【ポイント】「密約」とともに安保のアンタッチャブルな闇。「思いやり」という美しい日本語が安保協力に導入されて起こったこと、それは家族住宅建設費から光熱費丸抱えまで〝何でもあり〟の大盤振る舞いだった。その経緯と内実。

〔俗称と公称のちがい〕

日本の防衛費のなかに「思いやり予算」という変わった名称の費目があることはよく知られている（二〇一二年度一八六七億円）。「在日米軍駐留経費負担」の大きな部分を指す経費だが、ふしぎなことに『防衛白書』の用語索引や外務省HPを検索しても「思いやり予算」では出てこない。日本側は「特別協定予算」、米側は「接受《せつじゅ》国負担」(host nation support)と呼ぶ。〝俗称〟と〝公称〟とのちがい、そこに、この経費のもつ不透明さ、そして当事者がもつある種の〝疾《やま》しさ〟が表されているようだ。なぜなのだろう。

日米安保条約（一九六〇年改定）で、日本は合衆国軍隊に国内における「施設及び区域」（基地）の使用を認めた（第六条）。在日米軍基地の法的根拠はここにある。同条にもとづき基地の運用や軍人・軍属・家族の身分、および日本国内法との関係について定めた条約が「日米地位協定」で、これが安保運用の〝ソフトウェア〟にあたる。そこに規定された経費分担方式をみると、①日本は施設および区域を無償で米側に提供する。②その維持にともなうすべての経費は米側が負担する、となっている（第二四条）。つまり、土地や付属施設は日本が無償提供し、いっぽう、維持と運用経費は米側が自前で持つという〝割り勘〟が基本である。たとえると、嘉《か》手《で》納《な》基地の滑走路、兵舎、土地の借り上げ料などは日本負担、いっぽう、改修整備、基地労働者の人件費などは「維持にかかわる費用」なので米側負担ということになる。

〔こうして生まれた〕

一九七七年まで、在日米軍基地はこの方式によって運用されてきた。「思いやり予算」が登場するのは七八年以降である。このころアメリカはベトナム戦争後の財政赤字に苦しみ、日本では高度経済成長のもと物価高と賃金上昇がつづいていた。ドルの価値が下落（一ドル三六〇円の固定レートは七一年に変動相場制に移行）したことにより、米政府は人件費の高騰《こうとう》や老朽化した家族住宅の改修費に対処できなくなったとして、日本側の負担増を求めてきた。米議会からも「安保ただ乗り」の対日批判があがるようになり、七六年開かれた「日米安保協議委員会」で「給与その他労働条件に関する努力」を約束させられた。本来なら日米地位協定の改定が必要の事項なのだが、米側は、他の特権的な「地位」への波及をおそれ、あくまで「地位協定の範囲内」での負担増にこだわった結果、〝割り勘〟の原則を日本側の〝思いやり〟でくずす方式が考え出された。この用語を最初に使ったのは、金丸《かねまる》信《しん》防衛庁長官だった。七八年六月二九日の参議院内閣委員会で次のように答弁した。

「私は法律家でもありませんし事務屋でもありません。ただ、思いやりということで地位協定というものを解釈しながらできるだけ努力してみる…ものがあってもいいじゃないか」

こうして七八年度予算に、駐留軍従業員の福利厚生費のうち六一億八七〇〇万円分が「地位協定の枠内」で計上された。これが「思いやり予算」の発端である。

〔八〇年代以降の膨張〕

当初「思いやり予算」は「特例的・暫定的・部分的な措置」だとされた。しかし八〇年代以降、二方向からの圧力――中身の拡大と名称変更――によって膨張肥大化していく。

すでに七九年度から「地位協定の範囲内」で、基地内の隊舎、家族住宅、環境関連施設建設にも対象が拡大されつつあった。それが八一年の日米首脳会談（鈴木・レーガン）で、「在日米軍の財政的負担をさらに軽減させるため、なお一層の努力を行う」合意がなされたため、「思いやり」は、労務費本体と施設整備費全般という「基地維持」経費そのものにおよぶこととなる。八二年度五一六億円、八三年度六〇八億円、八四年度六九三億円と、防衛施設庁予算の三分の一ちかくを占めるにいたった。七八～八七年度の一〇年間で約五〇〇〇億円が提供されている。とくに中曽根《なかそね》康弘《やすひろ》政権（八二～八七年）の期間に行われた「F―16戦闘機の三沢移駐」に要する経費の七五％を日本側が引き受けたため、思いやり予算の規模は八七年度一〇〇〇億円を突破、もはや名目的にさえ「地位協定の範囲内」に収まらなくなった。

そこで負担増を裏付ける「特別協定」が結ばれた。八七年一月、中曽根内閣は米軍駐留費負担のための「特別協定」締結を閣議決定し、六月成立させた。したがって以降、公式には「特別協定予算」（有効期限おおむね五年）と呼ばれることになる。ここで「思いやり予算」の公式名称は消えたものの、従来「特例的・暫定的・部分的」とされた「思いやり予算」が固定化、肥大化していくことになる。「特別協定」により、日米地位協定第二四条による経費分担原則は意味を失った（ただし、米側は当初から「思いやり予算」という用語の受け入れを拒んでいた。八七年五月一八日、藤井宏《ふじいひろし》・外務省北米局長の国会答弁によれば、「アメリカには思いやりという言葉はございませんで、どうしても必要なときにはローマ字でOMOIYARIと書くこともございます」と言っている）。

「特別協定予算」と改められ、日本側負担は際限なく増大した。「施設整備費」の全面化により、嘉手納、横田《よこた》、横須賀《よこすか》基地などの大改修がなされ、基地の家族住宅も「生活・環境関連施設」の名目で新増築がおこなわれた。また「労務費」の場合、七八年度から九五年度まで一七年間に六段階（特別協定改定）をかけて、個別から全体、一部から全部への負担増がはかられ、「人件費はすべて日本側持ち」となった。くわえて、九三年度からは「光熱水費」（家族分をふくむ電気・ガス・水道および暖房・調理用燃料）の負担、九六年度から「訓練移転費」も新設された。これらにより、今日までの「思いやり＝特別協定予算」の総額は五兆五〇〇〇億円以上にのぼり、土地借り上げ料など義務的負担を合わせると米軍基地経費の七割以上を負担することになった。

二一世紀の二つの変化

二一世紀にはいって「思いやり予算」に、二つの変化が生じた。政権交代により与党となった「民主党の変節」と「海外施設への適用」という要因である。

野党時代に民主党は「思いやり予算見直し」を掲げていた。新政権はいったん「事業仕分け」の対象としたが、結局のところ聖域に手を触れることはできなかった。二〇一〇年予算では「米軍再編経費」をふくむ「思いやり予算」の総額は三三六九億円と過去最高額を記録した。日本側に支払い義務があるとされる土地賃料、自治体への基地交付金などと合わせるとはじめて七〇〇〇億円台にたっした。民主党の「マニフェスト」は米側の壁を破れなかったのである。米側は一貫して「思いやり予算と呼ぶのは誤解」と主張、「HNS（ホスト・ネーション・サポート）は謝意として提供されるものではなく、日本の戦略的貢献の重要な一要素である」（トーマス・フォーリー駐日大使 朝日新聞「論壇」二〇〇〇年二月一〇日）との見方に立ち、政権交代後も〝権利意識〟に変わりはなかった。

いまひとつの変化は、〝海外版・思いやり予算〟ともいうべき負担の新設である。自民党政権時代の二〇〇五年にはじまった「在日米軍基地再編計画」にともない、横須賀、厚

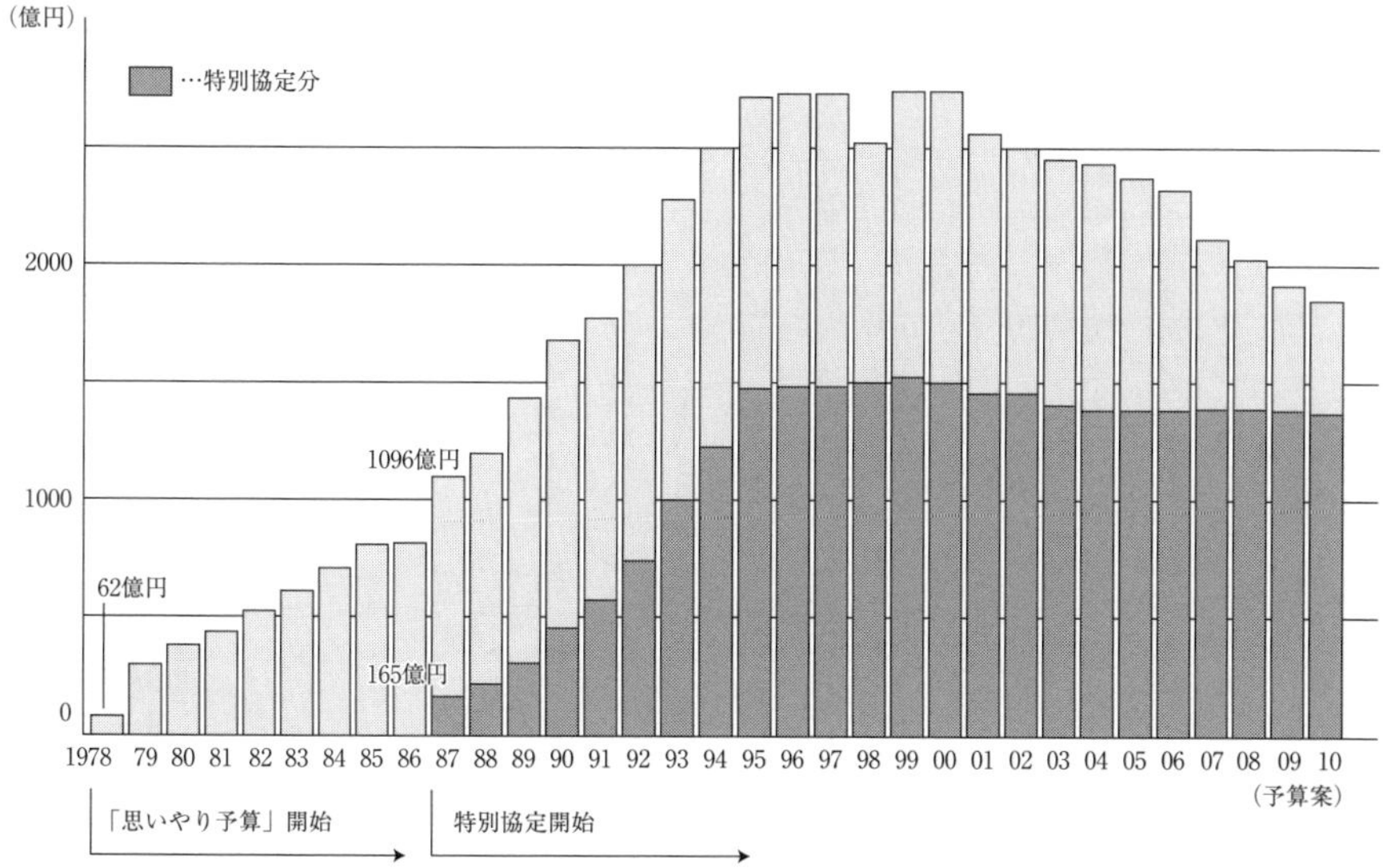

●—「思いやり予算」の推移

木、岩国、沖縄などの基地を中心に大幅な兵力構成の変化と部隊の入れ替えが実施されることになった。その焦点となったのは、沖縄の「普天間基地返還」と「在沖海兵隊グアム移転」であった。米側は、グアムに新基地を建設する経費の負担を要求し、日本側はそれに応じた。自民党政権末期の〇九年一月に締結された「グアム協定」がそれである。政府は、「海外に移転しますが、海兵隊の任務には依然として我が国の防衛が入っています」（防衛省文書）として、経費を分担することとした。協定に定められた負担額は総額の五九パーセント、六〇億ドルにのぼる。グアムはアメリカ領なので、これにより国外基地建設費を日本が支出することになった。

海兵隊グアム移転問題は、米政府の国防費削減政策もからみ、なお積み増しを求められる可能性もある。また、普天間基地返還は「県内移設」が条件なので、名護市辺野古に建設されるとすれば、その経費も全額日本側負担となる。

いずれにせよ、日米地位協定と別枠の基地経費負担が、海外基地建設にまで適用されつつある現実に注目すべきであろう。一九七八年、「思いやりの精神」で開始された米軍駐留費分担の新方式は、いまや日本の防衛関係費の大きな部分に不動の位置を占めるにいたっているのである。（前田哲男）

Theme 14

日米地位協定

●適正に運用されているのか

【ポイント】
日本に駐留する米軍や米軍人などの法的なあり方を定めた「日米地位協定」は、裁判権の行使などで米軍や米兵が有利に扱われたり、米軍が日本でほとんど制約なしに行動できるといったように、不平等な内容となっている。

〔地位協定とその性質〕

日米安保条約にもとづき、日本には米軍が駐留している。そして、日本に駐留する米軍への対応を定めた協定である「日米地位協定」が結ばれている（正式には「日米安全保障条約第六条に基づく施設および区域並びに日本国におけるアメリカ合衆国軍隊の地位に関する協定」）。この地位協定は、基本的には旧安保条約が締結されたさいに結ばれた「行政協定」を引き継いでいる。行政協定の不平等な内容に日本国民の不満が高まり、それが安保条約改定へつながる一因となった。そうした事情からすれば、安保条約が改定されたさい、行政協定は改正されるべきであった。

しかし、行政協定の多くの不平等な内容がそのまま地位協定にも残された。その内容を紹介すると、米軍は在日米軍基地を無料で使用できる（二四条二項）。また、アメリカの艦船が日本に入港したり飛行場に着陸するさいに課される入港料や着陸料、米軍車両が有料道路を走るさいの道路使用料が免除される（五条一項）。税金の関係では、米軍等が輸入する物品の関税が免除され（一一条二項）、米軍が日本国内で購入する租税、たとえば消費税も免除される（一二条三項）。米軍人や家族などの所得税も免除される（一三条二項）。米軍機は全国どこでも低空飛行訓練ができ（五条）、国内環境基準を守らなくても良く（三条）、基地の返還のさいにも原状回復の義務が免除される（四条）。日米地位協定で最も直接的な被害が大きく、問題となるのは、米兵の犯罪（一七条）や「思いやり予算」（二四条）であるが、それらの問題については別項の㉑「米兵と犯罪」や⑬「思いやり予算」にゆずり、ここでは他の問題について紹介しよう。

〔排他的使用権〕

日米地位協定三条一項では「合衆国は、施設及び区域内において、それらの施設、運営、警護および管理のために必要なすべての措置を執ることができる」と定められている。

この「排他的使用権」を根拠に、米軍は日本の基地を軍事的合理性の観点だけで自由奔放に使用してきた。そのため、基地内で環境破壊や遺跡破壊などの被害が出ている。

環境問題では、ポリ塩化ビフェニール（ＰＣＢ）、水銀、排気ガスや廃油、毒ガスなどのさまざまな有害物質が基地から放出された。原子力潜水艦が寄港する横須賀、佐世保、ホワイトビーチでは放射線が検出されている。

このように、米軍は基地内で環境汚染、遺跡破壊などをおこなってきた。しかし、米軍は日米地位協定三条一項を根拠として、日本政府や自治体関係者の米軍基地などへの立入検査を拒否してきた。

●―普天間第二小学校付近を飛ぶヘリ（沖縄タイムス社提供）

〔基地の原状回復義務の免除〕

一九九五年一一月、沖縄県にある米海兵隊恩納《おんな》通信所が日本に返還された。きれいな場所であり、リゾート開発などが期待されたが、通信所の跡地がＰＣＢや水銀などで汚染されていたため、その話は立ち消えになった。

米海兵隊恩納通信所の例を挙げたように、米軍基地ではすさまじい環境汚染がなされている。しかし、米軍はこうした汚染についての原状回復義務を負わない。というのも、「合衆国は、この協定の終了の際またはその前に日本国に施設及び区域を返還するにあたって、当該施設及び区域を、それらが合衆国軍隊に提供された時の状態に回復し、又は回復の代わりに日本国に補償する義務を負わない」（日米地位協定四条一項。傍点は飯島による強調）との規定があるからだ。

〔低空飛行訓練〕

航空法にもとづく最低安全高度制限は離着陸時を除いて一五〇メートル、市街地では三〇〇メートル以上となっているが、レーダー網をかいくぐって低空で目標を攻撃する訓練のために、米軍は日本の航空法では認められない「低空飛行訓練」をおこなってきた。高い山のない沖縄では訓練はおこなわれておらず、東北地方や中国地方などでおこなわれている。こうした訓練で窓ガラスが割れたり、建物が崩壊するなど、住民は極めて危険な状態に置かれる。また、授業が中断されたり、赤ちゃんが泣き出すなどの凄まじい状況が生じる。米軍は地位協定五条二項の規定を根拠に、周辺住民などに被害を与えるこうした訓練をおこなっている。

〔日本人基地従業員の状況〕

日米地位協定一二条五項では「……相互間で別段の合意をする場合を除くほか、賃金及び諸手当に関する条件その他の雇用及び労働の条件、労働者の保護のための条件並びに労働関係に関する労働者の権利は、日本国の法令で定めるところによらなければならない」（傍点は飯島が強調）と定められている。一見すると労働者に関しては日本の労働基準法などが適用されるように思われるかもしれないが、実際には「相互間で別段の合意」がなされ、その合意にもとづき日本人基地労働者の権利は著しく侵害されてきた。例を挙げると、許可なしにトイレに行けなかったり、夜中〇時まで働いていた妊婦に対し、六時間後の出勤を命じる、いきなり休暇日の変更がなされて知人の結婚披露宴に出席できなくなったり、年休が認められないなどの事態が問題となった。

〔民事賠償権〕

この問題に関しては、二〇〇二年に横須賀で起きた、米兵によるオーストラリア人女性ジェーンさん（仮名）強かん事件を紹介しよう。この事件、「日本にとって著しく重要と考えられる事件以外については第一次裁判権を行使するつもりがない」という密約が存在し、それを受けて法務省が刑事局長名で検事長や全国の検事正に対し、米兵関連の犯罪を起訴猶予にするようにとの通達を出していた（一九五三年一〇月七日付）ことが主たる理由となっていると推認されるが、三か月後に不起訴処分になった（参考までに、二〇〇一年から二〇〇八年までの八年間、強かん事件で日本人の不起訴率は三八%に対し、米兵などの場合の不起訴率は七四%）。

こうした対応に当然納得がいかないジェーンさんは二〇〇二年八月、犯人の米兵に民事訴訟を起こした。二〇〇四年一一月、横浜地方裁判所はジェーンさんの訴えを認め、被告米兵に対して三〇〇万円の賠償を命じた。ところが米兵は米本国に帰っていた。そこでジェーンさんは、公務外での米軍人による賠償について定めた日米地位協定一八条六項を根拠に米政府に支払いを求めた。ところが米政府は拒否した。結局、三〇〇万円を支払ったのは日本政府だった。米兵による強かん事件の賠償金は、私たちの税金で支払われた。

そのほかにも、日米地位協定一八条五項eでは、賠償責任が米側だけにある場合には日本が二五％、米側が七五％負担することになっている。アメリカだけに責任がある場合、なぜ日本が二五％も負担しなければならないのか。それどころか、嘉手納《かでな》爆音訴訟などでの賠償金、地位協定では七五％が米側負担とされているのに、今まで爆音訴訟の賠償金を米政府は払っていない。こうして米国は地位協定を守らない。のみならず、在日米軍や米軍人に対する民事訴訟で、米軍に都合の悪い証人や情報を出さなくてもよいという密約が存在する（「合同委員会第七回本会議に提出された一九五二年六月二一日附裁判権分科委員会勧告、裁判権分科委員会民事部、日米地位協定の規定の実施上問題となる事項に関する件」）。

〔どうするべきか〕

ここでは日本と同様に米軍基地を多く抱えているドイツと韓国の例を紹介する。ドイツの「ボン補足協定」は一九五九年に締結されてから、一九七一年、一九八一年、そして一九九三年と改正された。一九九三年に改正された協定でも、ドイツの裁判権放棄（一九条一項）という不平等は存在する。しかし、ドイツ連邦共和国基本法で死刑が廃止されていることから、駐留ＮＡＴＯ軍に対してドイツ国内での死刑執行を認めないという規定が導入された。さらに、訓練の際にはドイツ当局の同意が必要とされ、ドイツ環境法が適用されたり、駐留基地へのドイツ当局の立入権が認められるなど、ドイツ国内法が適用されることになった。韓国でも二〇一一年九月から、米兵による少女への性犯罪などが相次いだ。ところで、米韓地位協定には起訴前に米兵容疑者を引き渡した場合には二四時間以内に起訴しなければ釈放するとの規定があった。そのために十分な捜査をして起訴できない場合が多く、引渡しを求めることが困難であった。そこで二〇一二年五月二三日、米韓地位協定の合同委員会でこの規定が廃止された。

日本でも過去には、「関税自主権」がなかったり、裁判権が日本にないなどの不平等な内容の「日米和親《にちべいわしん》条約」（一八五四年）や「日米通商修好《つうしょうしゅうこう》条約」（一八五八年）が結ばれた。この不平等条約を改正するため、明治の政治家は根気よく交渉をつづけ、最終的には一九一一年に不平等な条約を改正した歴史がある。国民のための政府であれば、日本政府もこうした対応が求められる。

（飯島滋明）

〈参考文献〉日米地位協定研究会『日米地位協定　逐条批判』（新日本出版社、一九九七年）、琉球新報社『日米地位協定の考え方　増補版』（高文研、二〇〇四年）

Theme 15

復帰後の土地強制使用

●なぜ基地は残ったのか

【ポイント】
沖縄が日本に返還されたのに、なぜ基地が残ったのか。それは、日本に返還されたのは、沖縄の施政権であって、米軍基地ではなかったからである。しかし、「本土並み」返還が強調されていたから、基地の数や密度も「本土並み」であるべきだ、というのは、沖縄の強い要望であった。

〔沖縄返還と二度目の基地しわ寄せ〕

沖縄が日本に返還されたときに米軍が無法に取り上げた土地は返還するのが道理であった。しかし多くの基地はいぜんとして残された。なぜそうなったのだろうか。

五〇年代中期に、本土の基地が沖縄にしわ寄せされることによって（→⑤土地強制接収と島ぐるみ闘争）、六〇年代には、国土面積のわずか〇・六％の沖縄には、九九・四％の本土とほぼ同じ規模の米軍専用施設が存在していた。にもかかわらず、政府は、沖縄返還を利用して、在日米軍基地の沖縄への集約化を図った。沖縄返還をはさむ数年間で、日本の在日米軍基地（専用施設）は、約三分の一となり、沖縄の基地はほとんど減らなかった。結果、国土面積の〇・六％の沖縄に、在日米軍基地（専用施設）の約七五％が集中するという状況が生まれた。

沖縄返還によって、日本政府には、沖縄の軍用地所有者から土地の提供を受け（賃貸借契約をおこない）、米軍に土地を提供する義務が生じた。そこで政府は、沖縄返還と同時に軍用地使用料を一挙に六倍に引き上げ、さらに協力謝礼金を上積みして賃貸借契約の円滑化を図った。しかし、当時三万人といわれた軍用地主の約一割は、契約を拒否するものと思われた。そこで政府は、「沖縄における公用地等の暫定使用に関する法律」（公用地法）を制定し、沖縄返還前に公用地等（軍用地）であった土地は、沖縄返還後五年間は、土地所有者の意思に関係なく、公用地等（軍用地）として継続使用できることとした。

以後五年間、政府は、契約拒否地主（反戦地主）と契約地主の対立をあおるなどあらゆる手段を用いて契約拒否地主の切り崩しを図った。米軍支配当時も契約拒否地主はいた。米軍は、土地所有者の契約拒否の権利を認め、契約地主には軍用地料を支払い、契約拒否地主には損失補償金を供託した。

したがって契約地主と、契約拒否地主は、同じ地主会に共存していた。しかし、日本政府は、すべての軍用地所有者に賃貸借契約を強要したのである。旧小禄村具志（→⑤）の反戦地主・上原太郎は、「銃剣で土地を奪った米軍も、地主が契約を拒否する自由は認めていたが、日本政府は、心の中にまで踏み込んでくる」と語っている。それでも五年後なお数百人の契約拒否地主が残っていた。

そこで政府は、一九七七年に地籍明確化法を制定し、その付則で公用地法を五年間延長した。「平和憲法」下の戦後日本の土地収用法は、軍事目的のための土地の強制収用、または使用を認めていなかったため、安保条約の発効と同時に、米軍用地特措法（米軍に土地を提供するための土地収用法）が制定されていたが、米軍用地特措法によって土地の強制収用、または強制使用を図るためには、ここの土地所有者の土地の地籍（位置・境界・面積等）が確定している必要があった。ところが、戦場となった沖縄で、住民を収容所に入れている間に白地図に線を引くようにして囲い込まれた米軍用地や「銃剣とブルドーザー」によって強制接収された米軍用地では、個々の土地所有者の土地の地籍は不明確なままであった。そこで政府は、まず地籍明確化の作業をおこなおうとしたのである。

五年後の一九八二年にも、百数十人の反戦地主（契約拒否地主）が残っていた。そこで政府は、この反戦地主の土地を米軍用地特措法を適用して強制使用することとした。

〔公用地法から米軍用地特措法へ〕

米軍用地特措法によって土地を強制使用するためには、まず、起業者（国）は、個々の土地所有者の土地調書・物件調書を作成し、土地所有者の署名を求める。土地所有者が署名を拒否した場合は、土地所在地の市町村長が代理署名する。市町村長が代理署名を拒否した場合は、知事が代理署名する。その後起業者は、収用委員会に強制使用の裁決申請をおこなう。裁決申請を受理した収用委員会は、公開で起業者や反戦地主など関係者から直接意見を聞く公開審理をおこない、強制使用の是非、期間等について裁決をおこなうという手順がとられる。

米軍用地特措法は、五〇年代は本土でも適用されたが、沖縄への基地しわ寄せによって、六〇年代のはじめから、本土では全く発動されることはなかった。休眠状態だった米軍用地特措法は、復帰一〇年目の沖縄で目を覚ましたのである。以後、米軍用地特措法は、事実上、沖縄の米軍用地の強制使用のためのみに使用される特別法として機能している。

さて、那覇防衛施設局（現沖縄防衛局）は、沖縄県収用委員会に対して、公用地法の切れる八二年五月から五年間の強制使用を申請し、収用委員会は、これを認めた。本土における強制使用の最長期間が二年五ヵ月だったから、五年間は、その二倍以上になる。

同じ五年間の強制使用といっても、軍用地料に見合う損失補償金が毎年算定され支払われる公用地法の場合(当時、軍用地料は、毎年六%程度引き上げられていた)と、裁決時点で評価を固定し、一括して損失補償金を前払いする米軍用地特措法の場合とは、土地所有者に与える経済的影響は、決定的に異なる。軍用地料の値上がり分が反映されないばかりか、前払いにともなう金利分があらかじめ差し引かれ、実質四・三二九五ヵ年分しか支払われなかったのである。そのうえ、反戦地主は、損失補償金の一括払いによって一時的に所得が増えるため、多額の所得税や住民税が科せられることになり、所得を基礎として積算される保育料の大幅な引き上げや老齢福祉年金の支給停止など、さまざまな不利益をこうむることとなった。

〔一坪反戦地主運動の登場〕

こうした状況の中で、自分の土地は軍用地には提供しないという志を貫こうとする反戦地主を支援するために、八二年六月に発足したのが一坪反戦地主運動である。具体的には、反戦地主の土地の一部を一人一万円ずつ拠出して購入し、持ち分登記して法的には反戦地主と同じ立場に立って彼らを支援しようというものである。八二年一二月、八三三人の一坪反戦地主を結集して、「軍用地を生活と生産の場に!」をスローガンとする一坪反戦地主会結成総会がおこなわれた。

国(施設局)は、八四年一一月、五年間の強制使用期間が終了する八七年五月一五日以降の強制使用手続きをはじめた。そして、八五年八月、施設局は、二〇年の強制使用の裁決申請をおこなった。すでに指摘したように、五年間の強制使用でも、土地所有者にさまざまな不利益をおよぼすことを考えれば、二〇年強制使用は、反戦地主の抹殺を意図するものといわざるをえなかった。だが、一坪反戦地主の登場によって、反戦地主は元気づけられていた。

八六年二月にはじまった第一回の公開審理には、五年前の公開審理の一〇倍を超える約八〇〇〇人の関係者が参加した。一一回にわたって、各地の市民会館の大ホール等においておこなわれた公開審理は、さながら米軍用地問題に関する学習会の観を呈した。収用委員会は、八六年一二月、強引に公開審理を打ち切り、八七年二月、強制使用一〇年の裁決をおこなったことを発表した。

ところで、復帰時の軍用地の賃貸借契約期間は、民法上の規定（第六〇四条）で、二〇年とされていた。そこで九二年には、契約更新が必要となったが、その中から約七〇人の契約拒否地主が登場したのである。政府は、反戦地主の活動をとりあえず一〇年間封じ込めたと思ったら、まるでモグラたたきのように新たな反乱が台頭したのである。この人たちに対しては、一〇年間の強制使用の裁決申請に対して、五年間の強制使用を認める裁決がおこなわれた。

●—大田昌秀知事の最高裁陳述（沖縄県所蔵）

〔大田知事の代理署名拒否〕

九五年には、九七年に強制使用の期限切れになる反戦地主や一坪反戦地主に対する強制使用手続きがはじまっていた。大田昌秀沖縄県知事が、代理署名を前に逡《しゅん》巡《じゅん》していた九月、米兵の少女暴行事件が発生し、民衆の怒りが爆発した。民衆の怒りに突き上げられて、知事は、代理署名を拒否し、米軍用地強制使用の手続きはストップした。

当時の地方自治法の規定によれば、このような場合、まず、主務大臣が知事に職務執行を「勧告」する。それがだめなら「命令」する。それでも知事が拒否すれば、高等裁判所に提訴する。知事が裁判所の命令も聞かないときは、主務大臣自らが職務を代行する。

結局、日本国の首相が沖縄県知事を福岡高等裁判所那覇支部に訴え、福岡高裁那覇支部は、知事に代理署名を命じたが知事がこの命令にしたがわなかったので、橋本《はしもと》龍《りゅう》太郎《たろう》首相が代理署名をおこなった。さらに政府は、二度にわたって米軍用地特措法を改正し、代理署名などの手続き事務を市町村長や知事から取り上げ、総理大臣の事務にすると同時に、収用委員会が裁決申請を却下した場合は総理大臣が代行裁決とすることができるなど、収用委員会の権限を制約した。つまり、米軍用地に土地を強制使用する場合は、事実上、首相の一存でおこなうことができる、としたのである。

それでも、二〇一二年の二度目の契約更新期には、九二年の約二倍、約一三〇〇人の新たな契約拒否地主が登場している。

（新崎盛暉）

〈参考文献〉新崎盛暉『新版・沖縄反戦地主』高文研、一九九五年

Theme 16

沖縄の自衛隊

●どのように配備されたのか

【ポイント】
意外に知られていない沖縄在駐の自衛隊。配備当初より沖縄県民の反感は強い。今後の米軍再編計画をうけて、どのように変容していくのか。

〔戦いのない地域・沖縄〕

「守礼《しゅれい》の邦《くに》」といわれるように、中近世の沖縄は、戦いや軍隊と縁のない歴史をもっていた。一八一七年、琉球諸島周辺で調査航海にたずさわったイギリス軍艦「ライラ」のバジル・ホール艦長がこのことを知り、帰途たちよったセント・ヘレナ島で、幽閉中のナポレオンと会見したさい、「武器と戦争のない島」を話題にして英雄をおどろかせた逸話がのこされている（Account of a Voyage of Discovery　一八一八年）。明治維新後、本土政府による集権化、「琉球処分」ののちも沖縄に軍隊が配備されることはなく、徴兵事務にあたる連隊区司令部が置かれたのみだった。沖縄戦を記述した防衛庁戦史叢書『沖縄方面陸軍作戦』の冒頭、「沖縄県には軍馬一頭（連隊区司令官用）といわれるほど沖縄県には防衛に関する施策がほとんど行われなかった」とするされている。一九九〇年代に知事をつとめた大田昌秀《おおたまさひで》は、最高裁大法廷における「米軍用地強制収用の代理署名拒否」訴訟の意見陳述（九六年七月一〇日）で、こうした伝統を指摘しながら、争いを忌み嫌う「非武の文化」の特質を強調した。

そのような島で、大戦末期、「沖縄決戦」という血みどろの地上戦が繰りひろげられ、「鉄の暴風」と表される砲爆撃が住民に降り注いだのである。「本土決戦」までの時間かせぎに送りこまれた日本軍によって島中に兵舎、飛行場、トーチカ、塹壕《ざんごう》が構築され、それは住民を巻きこむ戦闘基盤となった。この中近世と現代史を切り裂く痛苦の逆説が、県民の基地体験の核にあり、同時に、こんにち過剰なまでの「米軍基地」の原型ともなるのである。

〔どのように配備されたのか〕

その沖縄に一九七二年の復帰と同時に、自衛隊が配備された。そして二〇一〇年決定された「新防衛計画大綱」のもとで、「南西諸島重視」「離島防衛」の拠点として増強がめざされている。どんな経過をへてこうなったのか？　ここでは「自衛隊と沖縄」の現代史を見ていく。

日本に陸海空三軍からなる自衛隊が創設されたのは一九五四年（「防衛庁設置法」）だった。しかしその時期、沖縄は米施政権下＝異民族統治のもとにあったので、自衛隊部隊が配備されることはなかった。隊員が沖縄の土を踏むのは、七二年、「沖縄返還協定」が発効して以後になる。

まず、沖縄返還を確認した「佐藤・ニクソン共同声明」（六九年一一月二一日）において「復帰後の沖縄の局地防衛の責務を日本政府が負う」との取り決めがなされた。これを受け、日本側・久保卓也《くぼたくや》防衛庁防衛局長、米側・カーチス沖縄交渉団首席軍事代表とのあいだに「日本国による沖縄局地防衛責務引受に関する取極《とりきめ》」（略称「久保・カーチス協定」七一年六月二九日）が締結された。「沖縄防衛」を名目とする自衛隊の沖縄配備はそこからはじまる。久保・カーチス協定で「返還の日の後六ヵ月以内に、日本国は三三〇〇人に近い部隊を配置する」とされた。主な部隊配下のようなものである。

・陸上自衛隊　司令部、普通科中隊二、航空隊、施設科中隊、補給中隊各一その他
・海上自衛隊　基地隊、対潜哨戒《たいせんしょうかい》部隊各一その他
・航空自衛隊　司令部、迎撃《げいげき》戦闘機隊、航空管制部隊、航空基地隊各一その他

それぞれの任務は、

・返還の日後六ヵ月以内に、地上防衛、海上哨戒、捜索・救難を引き受ける（陸・海自）。
・レーダー・サイト四基地を引き継ぎ、沖縄の防空の責任を果たす（空自）。
・対空ミサイル「ナイキ」（空自）、同「ホーク」（陸自）の運用を米側から引き受ける。
・日米は詳細な実行計画を共同して立案する。

などとされた。

七二年五月十五日、施政権返還が実現すると、「久保・カーチス協定」は順次実行され、陸上自衛隊第一混成団（司令部・那覇市　二〇一〇年に第一五旅団に改編）、海上自衛隊沖縄航空隊（那覇市）、航空自衛隊南西航空混成団（那覇市）が編成された。主要部隊は、那覇空港に配備されたF—104戦闘機二五機のほか、米側から肩代わりしたナイキ、ホークを運用する高射部隊と航空管制部隊、および米軍基地防備、海上哨戒にあたる陸・海部隊などである。

七二年に開始された「第四次防衛力整備計画」（四次防）のもとで部隊はさらに増強され、陸一八二五人、海六二五

人、空二九四〇人となった（最終的には六四〇〇人）。なかでも空自の人員が突出しているのは、米軍に代わってスクランブル（緊急迎撃）を引き受け、任務空域が台湾海峡周辺や中国の一部におよぶようになったためである（F―104はその後F―4からF―15に更新された）。当時の新聞に、自衛隊員が投稿した川柳《せんりゅう》、「沖縄を背負ってアジア近くなり」が掲載されているが、自衛隊の沖縄配備は、たしかに日本再軍備と日米安保協力にあらたな画期を開くものとなった。

〔沖縄の世論〕

「自衛隊移駐」と相対した沖縄世論はきびしかった。沖縄戦下に体験した「天皇の軍隊」によるさまざまな行状を記憶している人びとは、それを、「新日本軍の沖縄進駐」「沖縄派兵」と表現した。屋良朝苗《やらちょうびょう》・琉球政府首席は立法院での施政演説で、

「米軍基地の存在に加えて、自衛隊が配備されることは沖縄基地の強化と受け取られる。米軍基地の肩代わりに自衛隊が配備されれば、自衛隊の質的転換をもたらすものと解される。したがって自衛隊の沖縄配備は、海外諸国を刺激し、沖縄基地にまつわる不安は軽減しないものと思われる。県民はかつての戦争の体験、戦後の米軍支配のなかから戦争につながるいっさいのものを否定している。このような理由から自衛隊の配備には反対の意を表明せざるを得ない」

とのべた（琉球新報七一年六月一三日）。同社が返還協定調印直後におこなった世論調査にも、自衛隊配備反対四七・四％、賛成一六・八％という数字で表されている。こうした民意を受け、県内自治体も自衛隊員と家族の受け入れにつよい抵抗をしめした。防衛庁の協力依頼要請に宜野湾《ぎのわん》市長は「もし自衛隊が市内に一歩でも入れば全市民をあげて実力で排除する」と答えた（『世界』七一年九月号）。また那覇市は、「自衛隊施設内には住民基本台帳に基づく市長の権限がおよばない」ことを理由に、隊員の住民登録を一時保留する措置をとった。

こうした県民感情に配慮して、防衛庁（当時）は、第一混成団長に桑江良逢《くわえりょうほう》一佐、隊員募集の責任者に又吉康助《またよしこうすけ》一佐など沖縄出身者をあて、一方で、「オペレーション・ピース」と名づけたPR作戦を実施したが反感はとけず、沖縄県は一九七九年まで隊員募集の機関委任事務を拒否する全国唯一の県にとどまっていた。在籍自衛官数も、七〇年は七九二人（全国最低）、復帰後の七五年でも九六二人（四六位）と低いレベルがつづいた（二〇一一年度の隊員数は二七三四人、下から一九番目でほぼ人口比に見合っているが、幹部の数二〇七人

は三番目に少ない）。

〔米軍再編の波〕

「米軍再編」は、沖縄と自衛隊の関係を大きく変えようとしている。復帰直後の「自衛隊移駐」は、米軍施設の部分返還もしくは一時使用のかたちでおこなわれたため、基地新設による地元との摩擦はなかった。しかし、二〇一〇年十二月十七日閣議決定された「新防衛計画大綱」および「中期防衛力整備計画」において、「南西地域も含めた防衛態勢の充実」「島嶼部対応能力の強化」「基地共同使用の強化」などが打ちだされた結果、沖縄は、米軍のみならず「自衛隊の基地新設」とも直面することになった。両文書にしるされた計画によれば、

●─ F-15 戦闘機

・島嶼《とうしょ》部への攻撃に対する対応や周辺海空域の安全確保に関する能力を強化する。
・南西地域の島嶼部に、陸上自衛隊の沿岸監視部隊を新編し配置する。
・即応態勢を充実させるため、那覇基地に戦闘機部隊一個飛行隊を増勢させる。
・移動警戒レーダーを南西地域の島嶼部に展開、隙のない警戒監視態勢を保持する。
・南西地域において早期警戒機（E―2C）を、常時継続的に運用し得る態勢を確保する。

二〇一三年度以降、那覇基地（空港）拡充のほか、与那国《よなぐに》島や宮古《みやこ》島への部隊配備が予定されている。同時に、これらを実施するため、「自衛隊施設と米軍施設の共同使用の拡大などによる平素からの各種協力の強化を行い日米協力の強化を図る」ことも合意されており、自衛隊と米軍部隊が在沖基地を「共有」する方向性も明確になった。つまり「普天間移設」問題とともに、「日米基地の一体化」という動きもまた同時進行しているのである。

いま、「沖縄の自衛隊」から見えるのは、かつて日米両軍が戦った島で、ふたたび県民にのしかかる基地の重圧が、今度は「日米同盟の深化」なる名分によってあらたに付加される近未来だといえよう。

（前田哲男）

Theme 17

基地被害

●なぜ無くせないのか

【ポイント】
在日米軍基地の周辺地域は墜落事故や実弾訓練による事故、NLPに代表される爆音、放射能漏れによる環境汚染、米兵による凶悪犯罪など、さまざまな基地被害を受けている。

〔米兵などの犯罪〕

米軍関係の性犯罪は世界中で起きており、アメリカ議会が国防総省に調査を義務づけたため、二〇〇四年以降は報告書が毎年出されている。二〇一一年度は三一九二件の性犯罪がある。二〇一〇年度は米軍で三一五八件の性犯罪が報告されている。

日本でも米軍関係の性犯罪が多発している。まずは沖縄。一九五五年九月、嘉手納《かでな》村で六歳の女の子が米兵に強かん、殺害された「由美子ちゃん事件」。激しい雨の中、下着一枚の姿で唇をかみしめた状態で死体が発見された。こうした米兵犯罪に大衆の怒りが爆発したが、非人間的な犯人は米国に逃亡した。その一週間後にも九歳の女の子が米兵に強かんされるなど、米兵による性犯罪が繰り返し起きている。一九九五年、小学生が三人の米兵に輪かんされた。二〇〇一年六月、北谷《ちゃたん》町で米兵による強かん事件。二〇〇二年一一月、米軍少佐による強かん未遂と器物損壊事件。二〇〇三年五月、飲食店にいた女性を米兵が外に連れ出し、顔などを殴り強かん。二〇〇四年八月、米兵の軍属が一人暮らしの女性宅に侵入して強かん。二〇〇五年七月、米兵が通学途中の女子小学生の服を脱がすなどのわいせつ行為。二〇〇八年二月、米兵による中学生への強かん、フィリピン人女性への強かん事件などなど。沖縄県が二〇一一年九月に刊行した『沖縄の米軍基地問題』によれば、米兵による沖縄県での事件・事故は月平均二三件。

なお、米兵による性犯罪は沖縄だけではない。二〇〇二年四月、神奈川県横須賀《よこすか》市で空母キティホークの米兵がオーストラリア人女性を強かん。二〇〇三年、岩国で米兵による強かん未遂と傷害事件。二〇〇七年一〇月の広島で米兵四人による集団強かん事件。二〇〇八年五月、強制わいせつ容疑で三沢基地所属の一等航空兵が逮捕された。殺人、傷害、強盗、ひき逃げなど、米兵による犯罪は多すぎて書ききれない。メディアで報じられない事件も山のようにある。米軍犯罪がそれほど問題とされない基地もあるが、沖縄や横須賀などには、米兵犯罪におびえて暮らす住民も少なくない。

〔墜落事故〕

米軍機による墜落事故もたくさんある。一九五九年六月、石川市宮森《みやもり》小学校に米戦闘機が墜落、一七人が死亡、二一〇人が負傷した。一九六八年六月、九州大学構内に米軍機が墜落した。一九七七年九月、横浜に米軍機が墜落。米軍のパイロットはパラシュートで脱出、現場に急行した自衛隊の救難

また米兵 憤る沖縄
強姦致傷事件「我慢いつまで」
後絶たぬ性犯罪
米国防総省「捜査に協力」
身柄の引き渡し 今回は問題なし
「強い遺憾の意」
復活の船競漕

●— 2012年10月17日付『朝日新聞』

ヘリはパイロットだけを乗せて帰還した。一歳と三歳の子ども、その母親など九人の死傷者が出た。一九八八年六月、岩《いわ》国《くに》基地のCH―53が伊方《いかた》原子力発電所の近くに墜落した。このとき原発にぶつかっていれば大惨事となっていただろう。四国には米軍機の低空飛行訓練ルート（いわゆる「オレンジルート」）があり、米軍機事故は頻繁に起きている。

二〇〇四年八月、米海兵隊所属のCH―53D型輸送ヘリコプターが沖縄国際大学に墜落、炎上した（㉕ヘリ墜落事件）。

今後、沖縄に配備される予定の「オスプレイ」だが、米軍で「未亡《みぼう》人《じん》製造機」と言われるほど事故が多い。そして青森県三沢基地。アメリカ軍が公開していないために事故の全体像は闇に包まれたままだが、アメリカの情報公開法（FOIA）にもとづき東奥日報社の斉藤光政が機密文書を調査したところ、たとえば一二年間のうち六九件の中小の航空機事故があった。

〔爆音と米軍〕

沖縄では米軍機の騒音が日常化している。「家で飼っているインコが『ゴー』という戦闘機の音をまねるようになってしまった」（二〇〇八年六月四日付『琉球新報』）という状況すら生じている。沖縄では米軍機の騒音が日常化しており、睡眠障害、頭痛、また自律神経も影響を受け、呼吸の促進、血

圧上昇、胃液の減少、妊娠中毒症になりやすいなどの報告が出ている。かつて「静かな夜を」という嘉手納町民の願いに対して嘉手納基地第一八航空団司令官は「(爆音は)自由の音」と発言した。なお、米軍機による騒音も沖縄だけではない。小松《こまつ》基地、横田《よこた》基地、厚木《あつぎ》基地、岩国基地、嘉手納《かでな》基地、普天間《ふてんま》基地でも米軍機の爆音に対し裁判が起こされている。三沢《みさわ》では裁判は起こされていないが、やはり騒音はすごい。佐世保ではエアクッション型揚陸艇（LCAC）を上陸させるたびに八〇デシベル以上の騒音が付近一帯に鳴り響く。

〔環境破壊と米軍〕

沖縄で米軍は実弾を使った演習をしているが、そうした実弾訓練は危険なだけではない。実弾の熱が原因となって山火事が発生する、いわゆる「米軍山火事」は、一九七二年の沖縄復帰から二〇一一年一二月末までに五二八件。さらに「米軍山火事」は赤土流失による海洋汚染の原因となっている。米軍による放射線被害。一九六八年、原子力潜水艦「ソードフィッシュ」が佐世保に寄港したさい、「異常放射能事件」が起きた。その後も放射能漏れ事件は沖縄や横須賀でもたびたび起こっている。

放射性物質と言えば、一九九五年一二月から一九九六年一月にかけて、米軍攻撃機が沖縄県の鳥島対地射爆場で一五二〇発もの「劣化ウラン弾」を発射する実弾訓練をおこなっていた。劣化ウラン弾は四五億年も放射線を出しつづける。一九九七年二月、米軍・キャンプ瑞慶覧《ずけらん》内の土壌が猛毒のPCB（ポリ塩化ビフェニール）で汚染されていた。PCB汚染は横須賀でも問題になった。このように基地周辺では米軍による環境破壊がなされ、とりわけ沖縄にはあらゆる種類の「基地公害」が存在する。

〔なぜこうした被害が生じるのか〕

こうした被害が生じる原因は何か。まずは軍隊の本質にある。「軍事的合理性」を重視する軍隊では、市民生活の安全よりも軍隊の円滑な活動を重視する。夜間に大きな音を出す夜間離発着訓練などは、市民の安全という観点からは非常識極まりない。ところが夜間の軍事作戦を円滑に遂行できるようにしたいという「軍事的合理性」の立場を優先する米軍は、住民のことを考えずにこうした非常識な訓練をおこなう。そして軍隊は兵士を「ウォーキング・ウォー・マシーン」に作りかえる。人を殺すのに抵抗感がある兵士では実戦の役に立たない。そこで殺人などに抵抗感のない軍人を生み出す教育がおこなわれる。ベトナム戦争時、米軍では「レイプするぞ、ぶっ殺すぞ、ぶんどって、焼き捨てて、死んだ赤ん坊を食ってやる」と歌いながらの訓練がおこなわれていた。海兵隊員としてベトナム戦争に従事したアレン・ネルソンによれば、米兵が沖縄で凶悪犯罪を起こし、司令官が謝罪しても、実は「心の底では事件が起きたことを喜んでいる」という。なぜなら、「その指揮官は、兵士というものが暴力をふるうことの準備がもうできていて、戦場にいつでも送れる準備ができているとみるから」だという。

つぎに、被害をもたらす米軍や米軍人に抗議をしない「日本政府の対応」が挙げられる。一九九六年三月、米兵の無謀な運転により妻と子どもを失った金城エドワードさん（フィリピン生まれの日系三世）が提訴したさい、日本人の権利や利益を守るべき防衛施設庁職員は金城さん宅に行き、弁護士を依頼したことに怒ってつめかけた。

二〇〇一年の北谷《ちゃたん》町の強かん事件で小泉首相は「あまりぎすぎすしないように」と日本国民に述べた。

二〇〇五年七月、金武《きん》町のキャンプ・ハンセン内レンジ四の都市型戦闘訓練施設を使った実弾射撃訓練がはじまった。住宅地まで約三〇〇メートル、沖縄自動車道まで約二〇〇メートルしか離れていない場所での実弾射撃訓練。かつて家の中を銃弾が貫通し、鏡を前に化粧をしていた女性の太ももをつらぬく事件があったなど、この距離での実弾射撃訓練は危険がともなう。ところが町村外務大臣は「一九八八年以降、流弾事故は起きていない」と述べ、大野防衛庁長官は訓練中止を米軍に求めなかった。

このように、在日米軍による墜落事故や実弾訓練による事故、NLP（夜間離発着訓練 Night Landing Practice）に代表される爆音、原子力潜水艦などによる放射線漏れやPCBなどの環境汚染、米兵などによる凶悪犯罪に日本政府はアメリカに抗議しない。それどころか日本政府は米軍や米兵を擁護する。米兵の受刑者にはステーキやデザートが提供されるなど、日本人受刑者に比べて優遇されている。日本政府のこうした対応では、米軍による被害をなくせないだろう。

（飯島滋明）

〈参考文献〉高橋哲朗『沖縄・米軍基地データブック』（沖縄探見社、二〇一一年）、布施祐仁『日米密約　裁かれない米兵犯罪』（岩波書店、二〇一〇年）、アレン・ネルソン『元米海兵隊員の語る戦争と平和』（編集工房東洋企画、二〇〇六年）

Theme 18

●なぜ米軍の性犯罪が多いのか

米軍と性暴力・性売買

【ポイント】
国家の安全保障の建前《たてまえ》の下で、多くの市民、特に女性が犠牲にされている。何万何十万人にものぼる性暴力の被害者を生み出す米軍駐留とは、はたして市民の安全を守る存在なのだろうか。

〔米軍によって復活した性売買〕

米軍は日本国民の安全を守るために駐留しているのだろうか。米軍による犯罪の被害者はそのためのやむをえない犠牲として甘んじて耐えなければならないのだろうか。

敗戦後、日本本土に進駐してきた米軍に対して、日本の内務省は米軍向け慰安《いあん》施設を設けて提供した。これは米本国で問題になり米軍は利用をやめたが、これは売春《ばいしゅん》業と人身売買が復活する契機となった。朝鮮戦争の時には、休暇で日本にやってくる米兵のための性売買がさかんになった。一九五〇年代まで日本の性売買のかなりの部分が米兵相手のもので、米軍の存在が日本の売春業を復活拡大させたと言える。

米軍の支配下にあった沖縄ではもっと米軍の役割が大きかった。ベトナム戦争の最中の一九六九年の琉球政府による調査では、「売春婦と思われる者」は総計七三六二人とされている。戦前は一〇〇〇人あまりであったことと比べると、何倍にも増えていることがわかる。

韓国でも米軍が性売買の復活拡大に大きな役割を果たしたし、フィリピンや、ベトナム戦争時には南ベトナムやタイでも米兵相手の性売買が横行した。日本を含めてこれらの諸国では、米軍の撤退や縮小にともない基地売春は急速に縮小するが、そこで広がった性売買は地元男性や観光客を相手にして一層さかんになっている。米軍が性売買を拡大し定着させたのが東アジアの特徴と言える。

〔多発する性暴力〕

米軍主力が日本本土に上陸した一九四五年八月三〇日にすでに横須賀市内で二件の強かん事件がおきている。米軍資料によると、一九四七年の一年間の米兵による強かん事件は一三六件（日本本土のみ）と報告されている。月平均一一件になるが、この数字は性犯罪事件のほんの一部にすぎず、占領下で米兵による強かん事件は相次いだ。

沖縄では、米軍上陸まもなくの一九四五年四月から強かん事件が次々と発生し、米軍の報告書においても「特に性的犯罪が多かった」と報告されている。沖縄では本土以上にひどい状況に置かれていた。

一九五〇年代前半の米陸軍の報告を見ると、盲目《もうもく》女性への暴行強かん、五人の米兵による集団強かん、女性が強かんされ別の男性が射殺された事件（以上、韓国）、リビヤでの少女強かん事件、ほかに、九歳や一六歳の少女の強かん、海兵隊の女性が強かんされた事件、など米兵による性暴力は世界中に広がっていたことがわかる。

最近においても例を挙げるときりがない。沖縄では、一九九五年九月の少女に対する強かん事件が有名だが、二〇〇〇年代に入っても毎年のように強かん事件がおきている。本土でも二〇〇二年には横須賀でオーストラリア人女性、二〇〇七年には広島で女性が四人の海兵隊員に集団強かんされ、二〇〇八年にも沖縄や八戸で性犯罪がおきている。殺人や強盗などの凶悪犯罪も次々とおきているが、いずれも犯人が厳しく処罰されないことが多い。

海外でも、二〇〇〇年にコソボ平和維持部隊として派遣された米兵が一一歳のアルバニア少女を強かんして殺害、二〇〇四年オーストラリアで三人の水兵が二人の女性を強かん、二〇〇五年沖縄の海兵隊員がフィリピンで集団強かん事件を起こしている。二〇〇六年にはイラクで米兵五名が一四歳の少女を強かんしたうえ、その少女を含め家族四人を殺害した。韓国でもつい最近の二〇一一年二月に強かん未遂、九月に二件の強かん事件がおきている。

米国防総省によると米軍人による性犯罪（米軍内部も含む）は、二〇〇七年九月までの一年間に二六八八件、二〇〇九年九月までに三二三〇件と報告されている。一万人あたりの性犯罪発生率は、日本国内で〇・八件であるのに対して米軍は一八件、二二倍に上っている。

〈米軍内でも深刻化する性暴力〉

一般市民に対するだけでなく米軍内での性暴力も深刻である。女性兵士は現在、一五％前後となっている。

一九八八年に国防総省がおこなった二万人の女性兵士を対象とする調査で、女性兵士の三分の二が過去一年間にセクシャルハラスメントを受けたことがあり、強かんと強かん未遂にあったのが五％にも上っていたことが判明した。九一年には海軍の航空機搭乗員らの会合で集団の性的暴行が公然となされていたことが発覚するテイルフック事件がおき、海軍長官が辞任するなど衝撃を与えた。

一九九七年には米本国のアバディーン訓練場で訓練教官の軍曹による訓練生に対する数多くの強かん事件が発覚した。

二〇〇三年にはコロラドスプリング空軍学校で数々の性的暴行事件が表面化した。この空軍学校では軍の調査によると、セクシャルハラスメントを受けた者は七〇％、一九％が性的暴行を受け、うち七・四％は強かんないし強かん未遂にあったと答えている。

二〇〇二年に軍がおこなった調査では、女性兵士の二四％が過去一年間にセクシャルハラスメントを受けており、性的暴行を受けた女性は三％に上った。女性兵士は約二〇万人いるので、一年間に約六〇〇〇人の女性兵士が性的暴行を受けていることになる。

二〇〇三年にイラク戦争が開始されると、派遣された米軍内での性暴力が頻発し、二〇〇四年六月までに一〇〇件以上の性的暴行が報告された。イラクのアブグレイブ刑務所での米軍女性兵士によるイラク人男性への性的虐待もおきた。

〈性暴力を生み出す米軍〉

なぜここまで米軍の性暴力がひどいのか。その大きな原因の一つが人間を殺人マシーンに改造する訓練法である。ベトナム戦争時、訓練の際に兵士たちは「殺せ、殺せ、殺せ」とくりかえし叫ばされ、「レイプするぞ　ぶっ殺すぞ　ぶんどって　焼き捨てて　死んだ赤ん坊を　食ってやる」とランニングしながら歌っていたという。イラク戦争の時にも「殺せ、殺せ、砂漠のニガーを殺せ」「一発撃つたび　一人を殺せ　アラブ人を一人　アジア人を一人」「女を殺せ、子供を殺せ、殺せ、殺せ、全員殺せ」などと繰り返し叫ぶ訓練がなされていた。性的暴行など凶悪犯罪を犯す退役軍人も多い。米軍が現在の戦争体制と兵士の訓練システムを維持しているかぎり、建前でいくら性暴力を抑えようとしても不可能であろう。

〈病む自衛隊〉

自衛隊も内部のセクシャルハラスメント・性暴力が深刻である。自衛隊には一万名余り、約五％の女性自衛官がいるが、一九九八年に防衛庁が実施したセクハラ調査によると、女性自衛官の一八・七％が「性的関係の強要」、七・四％が「(性的) 暴行（未遂を含む）」を受けており、「わざとさわる」が五九・八％、「後をつける・私生活の侵害」が一八・二％と過半数が性的いやがらせや暴行を受けていることがわかった。二〇〇六年には北海道の航空自衛隊において、上官による女性隊員への強かん未遂、性的いやがらせ、退職強要事件がおき、被害者が国家賠償を求めて訴訟をおこし、二〇一〇年七月に勝訴、判決が確定した。

表　日本における米兵による犯罪と起訴率（起訴件数／受理件数）

	総計（件数）	殺人	強盗	強盗致死傷	強かん	強かん致死傷	強制わいせつ	傷害	暴行	業務上過失致死傷	窃盗
A 1953-1955	240/10631	2/6	30/178	40/126	4/67	14/48	0/19	20/1285	0/747	86/1872	13/1041
B 2001-2008	218/1260	3/4	16/25	17/21	4/20	4/11	2/19	47/173	16/63	2/4	37/881

（出典）A：日本法務省作成資料（米国立公文書館資料）B：「法務省検察統計」2008 年

（注）A：1953.10.29-1955.5.31　B：2001-2008（自動車による過失致死傷を除く）A は日本本土のみ（沖縄は含まない）．AB ともに主な罪名のみを挙げた

A：起訴率 2.3％（自動車関係を除くと 3.3％）　B：起訴率 17.3％

こうした批判もあってか、二〇〇八年の調査では、「性的関係の強要」は三・四％、「強姦・暴行（未遂を含む）」は一・五％に減少しているが、後者だけでも推計すると一六〇名余りにのぼり、表面化するのはほんの一部にしかすぎないことがわかる。

自衛隊の外部に対しても、二〇〇五年に滋賀と青森でつづけて強かん事件がおこり、二〇〇七年に北海道で三等空佐が一六歳の少女を三万円で買春、また陸上自衛隊の空挺師団隊員が連続強かん事件をおこしている。

「私行上の非行」によって懲戒処分を受けた自衛隊員は、二〇〇五年度一六一件、二〇〇六年度一六七件であるが、そのうち、性的破廉恥《はれんち》行為によるものは、六七件と七五件となっている。毎週一名以上の自衛官が性的非行により処分されていることになる。米軍とともに戦う軍隊になりつつある自衛隊はその性暴力においても米軍化しつつあるように見える。

一九五二年度から二〇一〇年度までに日本本土（七二年から沖縄を含む）で米軍による犯罪や事故で殺された日本人は一〇八八人にのぼる。米軍占領下の沖縄を含むとこれをはるかに超えるだろう。米兵による強かん被害者や、米兵相手の性売買で心身共にずたずたにされた性暴力の被害者は膨大な数に上るだろう。はたしてこれが一人ひとりの市民を守るということなのだろうか。

（林　博史）

〈参考文献〉林博史ほか『暴力とジェンダー』（白澤社、二〇〇九年）、堤未果『報道が教えてくれないアメリカ弱者革命』（海鳴社、二〇〇六年）、デーヴ・グロスマン『戦争における「人殺し」の心理学』（ちくま学芸文庫、二〇〇四年）

Theme 19

基地と経済

●沖縄経済は基地に依存しているのか

【ポイント】
米軍基地から派生する経済を、基地経済という。日本国内で米軍、自衛隊など最も多くの基地を抱える沖縄県を例に、基地経済について検証する。

〔基地経済は「不経済」〕

沖縄は基地がなければ経済的にやっていけない。だから沖縄の人たちには基地が必要だという言い方がある。しかし果たしてそうだろうか。

結論を先に言えば、現在の沖縄県における基地経済は「不経済」である。最も単純な指標でみると、米軍基地の面積は沖縄県全体の一〇・二%、沖縄本島面積の一八・四%を占めているが、米軍基地の県経済への貢献度はわずか五・二%に過ぎない。

沖縄県経済の県民総所得は三兆九三七六億円（二〇〇九年）で、そのほとんどを県人口の九三%が集中する沖縄本島であげている。うち、米軍基地から派生する基地経済は総額二〇五八億円（五・二%）。基地経済と並ぶ三K経済の一つである観光経済（観光収入）の三七七八億円（九・六%）に比べても半分の水準に留まっている。米軍基地の雇用吸収力も九〇〇〇人（基地従業員総数）と全労働力人口（約六二万人）の一・五%にすぎない。

四〇〇〇メートル級滑走路二本を抱え関西新空港や成田空港級の米軍嘉手納《かでな》飛行場（一九八六ヘクタール）、二八〇〇メートルの滑走路を抱えディズニーランド二個分の面積を持つ米軍普天間《ふてんま》飛行場（四八〇ヘクタール）、県都・那覇市の中心にある那覇軍港、大型倉庫群の米軍牧港《まきみなと》補給基地（二七四ヘクタール）など主要基地が人口密集地の都市部に集中しながら、基地収入は二〇〇〇億円ほどにすぎない。

米軍基地の雇用誘発効果や付加価値誘発額については次の試算（富川盛武・沖縄国際大学教授）もある。米軍基地があるために政府が沖縄に投入する予算（軍用地料、周辺整備費、基地従業員給与など約一七〇〇億円）や米軍人・軍属・家族などの沖縄での消費額（約七〇〇億円）など、基地関連予算と派生する消費額で約二七九五億円（二〇〇四年）。うち、投資需要と消費需要の相当額になる有効需要（行政コストを差し引いた額）は二三三一億円。これを産業連関分析すると中間財（原材料などの中間生産物）の生産額も含めた生産誘発額は約二八六二億円で、沖縄の域内総生産額の約五%。付加価値誘発額（生産額から中間財調達支払いを減じた所得相当額の誘発効果）は一六五八億円で、県民総所得三兆七九二八億円（〇四年）の約四・四%。就業誘発者数は二万七七七八人で、県内労働力人口六四万人（〇四年）の四・三%となっている。試算は、確かに産業らしい産業のない沖縄県経済にとって看過できない数字である。

いっぽうで、四〇〇〇メートル一本と二五〇〇メートル一本の成田国際空港（総面積九四〇ヘクタール＝嘉手納飛行場の約半分）でも、千葉県への経済波及効果は九七八九億円、雇用効果は六万四〇〇〇人、税収効果は三一六億円をあげている。それに比べ、沖縄の米軍基地は、成田を超える滑走路施設をもつ嘉手納飛行場や地方空港機能を持つ普天間飛行場など二つの空港、那覇軍港の港湾施設、牧港補給基地という都市部の一大倉庫群、キャンプ瑞慶覧《ずけらん》（五九七ヘクタール）という都市部の巨大な機械整備施設など総面積二万三二四七ヘクタールという広大な面積を抱えながら、経済効果は二〇五八億円と成田空港の二割程度となっている。

沖縄県の基地経済は、太平洋戦争で日米両軍の激戦地となり、米軍に占領された直後からはじまる。地上戦場となった沖縄本島では、港湾、空港、道路、橋梁、公共施設、住宅など社会資本を喪失し、戦後の沖縄経済はマイナスからのスタートとなった。そこに、米軍が基地建設をはじめ、基地用地のために農地や住宅を奪われた住民は、基地建設に職を依存し、基地建設後は基地から派生する経済（＝基地経済）に依存する基地依存経済化を余儀なくされてきた。

しかし、基地経済は「持続的な成長を指向して蓄積資本などを拡大する企業等のような経済主体ではないため、発展の限界性を持つ」「基地に費やされた土地を中心とした希少資源が、現在に至るまで代替的な本来の経済活動に生かされなかった機会費用の損失」「基地依存経済がもたらした第三次産業化による相対的な第二次産業（製造業）の脆弱化＝ザル経済化」という問題を抱えている。

さらに付け加えるならば、基地経済は米兵犯罪や演習被害、爆音被害など周辺住民の生命と財産を危険にさらす弊害《へいがい》が付きまとう。沖縄県では復帰後（一九七二年以降）四〇年間で五七四七件の米兵犯罪があり、うち一割近い五六八件がレイプ、殺人、強盗、放火といった凶悪事件である。米軍機の墜落・不時着事故も五二二件を数える。寄港する原子力潜水鑑の放射能漏れ事故などは隠ぺいされ、土壌・環境汚染問題も頻繁に指摘されてきた。今後も犯罪、基地被害がつづくことを思えば、基地経済の「不条理・不合理さ」を指摘せざるをえない。

〈〝基地依存〟は過去の話〉

沖縄の基地関連収入は、「軍雇用者所得」と呼ばれる基地内で働く米軍基地従業員（二〇一一年現在で約九〇〇〇人）の給料（年間約五〇五億円＝二〇〇九年）と、三万五四一九人の軍用地主たちに支払われる米軍用地借地料（年間約七九一億円、軍用地料には他に「自衛隊基地」分が年間一一八億円）、「米軍などへの財・サービス」と呼ばれる沖縄に駐留する米兵やその家族、米四軍（海兵隊、陸軍、海軍、空軍）の消費支出分（年間約六五九億円）、ほかに米軍基地内での建設工事やテナント業者などの営業収入など（年間一〇〇億円前後）がある。

年間二〇〇〇億円の米軍基地関連収入をもって沖縄経済は基地依存経済とされている。本土の経済人や研究者、官僚、政治家、そして閣僚の中にも「米軍基地がなければ沖縄経済は立ち行かない」と思っている人も少なくない。中には「沖縄県民は米軍基地反対、基地撤去をいうが本音は米軍基地の存続。撤去要求は方便で、基地と引き替えに振興策がほしいだけ」という声もある。

たしかに米軍統治時代の沖縄では、産業らしい産業はなく、米軍の財政支援と基地建設や軍雇用、米兵らの消費支出が主たる収入・歳入源となってきた。その時代は、まさに沖縄経済は基地依存経済であった。しかし、その後は民間経済が発展するに伴い、沖縄が本土に復帰した一九七二年ごろには沖縄経済の基地依存度は一五％にまで低下している。さらに近年では観光産業の半分程度の五％前後まで依存度は減少している。「わずか五％程度では基地〝依存〟経済とは、もはや呼べない」（来間《くりま》泰男・沖縄国際大学名誉教授）と指摘されるようになっている。

〈地域の発展阻害する米軍基地〉

かつては、保守県政下で米軍基地がなければ、沖縄は「イモを主食し裸足で歩いていた時代に戻る」との「イモ・ハダシ論」も横行していたが、今では「基地依存経済どころか、沖縄は米軍基地のおかげで大損をしている」という試算を保守県政（仲井《なかい》眞《ま》弘多《ひろかず》知事）が打ち出すほど、脱基地経済が県政の目標として打ち出されるまでになっている。

沖縄県が作成した「沖縄二一世紀ビジョン」（二〇一〇年）では「（米軍）基地の面積は、県全土の一〇・二％（沖縄本島でみると約二〇％）を占めているのに経済貢献度は六・三％程度」と、米軍基地の貢献度の低さを指摘。土地の生産性も、

表　基地返還の経済効果

施設名・位置・返還年	面積（ヘクタール）	雇用効果（返還時→04年）	税収効果（固定資産税のみ）	経済波及効果（総事業費対建設投資・販売額類型）
ハンビー飛行場（北谷町北前，81年）	42.5	22.6倍 約 100 人 →2259人	51.8倍（01年） 357万円 →1億850万円	約81倍（返還時～02年） 21億3200万円 →1726億7100万円
メイモスカラー射撃訓練場（北谷町桑江，81年）	22.9	不明 ？人 →3563人	38.5倍（01年） 192万円 →7411万円	約17倍（同上） 23億6800万円 →402億5800万円
天願通信所（うるま市，1983年）	97.4	607.8倍 4人 →2431人	（旧具志川市域全体は03年までに75.9倍）	—
泡瀬通信施設（沖縄市，83年）	241.3	37.9倍 86人 →3257人	（沖縄市域全体は01年までに4.1倍）	—
那覇空軍・海軍補助施設（小禄金城地区，86年）	376.1	14.4倍 470人 →6769人	（那覇市域全体は04年までに4.8倍）	—
牧港住宅地区（那覇新都心，87年）	192.6	36.6倍 196人 →7168人	（06年度は10億4863万円）	—

平均的な土地は一平方キロ当たり一六億円程度（〇六年）に対し「九億円程度」とほぼ半分の水準で、「基地面積からは毎年一六〇〇億円も損している」との試算を公表している。米軍基地内と基地外の「経済波及効果」でも内閣府ＯＢの宮田裕（沖縄国際大学非常勤講師）の試算では、米軍普天間飛行場の経済効果は年間約一三七億円で基地面積一ヘクタール当たり二一五三万円。これに対して普天間飛行場を除く宜野《ぎの》湾《わん》市の純生産額は一一一二億円で基地外面積一ヘクタール当たり八三四七万円。米軍基地は基地以外の四分の一程度の経済貢献度となっている。

浦添《うらそえ》市の米軍牧港補給基地（キャンプ・キンザー）の場合は、基地関連収入一七三億円で一ヘクタール当たり六三二六万円。基地を除く浦添市の純生産は二四三一億円で一ヘクタール当たり一億四八六二万円。米軍基地の二・四倍になる。沖縄県は米軍基地の存在が「県の経済的な生産能力を抑制」「土地利用にも歪みをもたらし、経済的に不効率な土地利用」を強いて、県経済の潜在成長力を押し下げ、沖縄の経済発展のチャンスも奪っていると「二一世紀ビジョン」の中で指摘している。

（前泊博盛）

Theme 20

自治体財政と基地

●財源供与の実態とは

【ポイント】
四〇年間で一〇兆円の振興策とさかんに言われるが、本来、沖縄振興は基地受け容れと引き換えではない。沖縄の「自立」に向けた復帰時の約束である。多くの自治体の現状は基地依存ではなく、基地との取引無しでも沖縄の自治体財政は成り立つ。

〈通念と事実の違い〉

沖縄の自治体は財政基盤が弱く、基地依存体質が強いと見られてきた。そして、それが「沖縄は米軍基地無しではやっていけない」と言われる根拠のひとつになってきた。政府が、海兵隊MV―22オスプレイ配備の強行と、名護市辺野古《へのこ》への米海兵隊普天間《ふてんま》基地代替施設建設が、今も可能であると見ている最大の理由は、沖縄に対する二〇一二年度振興予算約二九三七億円や、一三年度の同様の予算により、沖縄県と県内市町村を屈服させられると考えているためである。

確かに、沖縄の自治体は、国の公共事業偏重の振興策に頼る財政運営をしてきている。また、直接基地からの利益供与である軍用地料を、市町村や自治会が受け取っている例も多い。歪められた自治体財政のあり方が、今後、沖縄の主張を、足下から崩していく現実的懸念《けねん》がある。また、「沖縄は基地があるから旨い汁を吸って不公平である」といった、財政力の弱い他の県からの批判・そねみが、しばしば噴出してきた状況もある。

しかし、沖縄の自治体財政は、それほどまでに基地依存なのだろうか。実態は、自治体への、露骨な「基地との交換」としての財源供与が増えたのは、辺野古移設が具体化して以降の事態である。また、露骨な「賄賂《わいろ》」としての軍用地料引き上げがおこなわれていったのは、九〇年代以降のことである。さらに、中南部には基地関係収入がほとんどなく、なおかつ経済的に栄えている自治体が多数ある。通念は事実とは異なるのである。

〈沖縄振興体制と高率補助〉

一九七二年の日本への施政権復帰以来、沖縄県は他県とは異なる仕組みの下で、財政を運営してきた。それは、通常は自ら総合計画を作り、自ら財政計画を立てるのに対し、沖縄県は、国の政策としての「沖縄振興開発特別措置法」にもとづき、第一次から第三次の「沖縄振興開発計画」（一九七二年度—二〇〇一年度）と、実質的に第四次に当たる「沖縄振興計画」（二〇〇二年度—二〇一一年度）という、国が直接責任を負う体制により、県の政策を運営してきたことを指す。沖縄県は、毎年の予算を一括計上し、沖縄開発庁（〇一年以降は内閣府沖縄総合事務局）が、それを取りまとめて政府予算に編成する、という形を採ってきた。

国が、このように直接沖縄県の予算に責任を負う形を採ったのは、復帰時の沖縄に、社会資本整備の必要性が高かったことが根拠である。第二次世界大戦前から、沖縄の経済基盤は弱かった上、沖縄戦による徹底的な破壊により、生活基盤、産業基盤は全面的な再建が必要であった。しかし、二七年間の米軍施政下で、公的な社会基盤整備は不十分な水準に留まり、復帰時の沖縄には、集中的な財政支援が必要であった。六〇年代の日本は、高度経済成長を遂げ、生活水準も産業競争力も飛躍的に向上した時期であった。他方、沖縄は、強い米ドル経済の中で、消費に偏重し、産業基盤は弱く、また、軍事目的ではない、学校施設、道路、上下水道等、民生部門の社会資本は、著しく劣っていた。日本政府は、沖縄県民に対して、この遅れを取り戻すべく、直接的な振興計画をもって取り組むことを約束した。それが、沖縄振興開発計画と、それに付随するさまざまな仕組み（沖縄振興体制）であった。

この体制の柱は、税の減免措置や、自治体への「高率補助」を柱とした公共事業である。税の減免は、酒税（泡盛三五％、その他二〇％）や、ガソリン税（実質五・五％）等、民間の経済活動を対象とする措置であるのに対し、公共事業に対する国庫補助率が、沖縄では全国水準よりも高く設定され、それが県内市町村の財政運用に大きな影響を与えてきた。たとえば、県道改修費への国庫補助率が、全国水準では五割であるのに対し、沖縄では九割、地方港湾改修費が四割に対し九割、小中学校校舎増改築費が五割に対し八割五分と、自治体の自己負担分が小さくて、公共事業が実施出来る仕組みとなっている。

この仕組みは社会資本整備が必要であった時代には有用であり、沖縄として当然受けるべき優遇策であった。しかし、一九九二年度からの第三次振興開発計画策定時に、すでにこの制度の必要性は薄れたという議論があった。高率補助制度が、自治体の財政規律を弱め、補助金依存、公共事業依存の運営という弊害をもたらしているのではないか、という懸念《けねん》からである。振興開発体制が、真に強い沖縄経済、自治体財政を作り出してきていない、という反省でもあった。

〔基地依存の財政運営〕

この懸念は、九〇年代半ば以降、現実化していく。九六年のSACO合意以降、国は、沖縄に海兵隊普天間基地代替施設の建設を受け容れさせ、また既存基地の安定的運用を可能にするために、さまざまな補助制度を導入していくこととなる。沖縄の市町村では、高率補助制度の下、少ない自己負担で大きな補助事業を実施することが最大の責務とされ、本来の目的から乖離した、公共事業ありきの財政運営を、こぞっておこなってきた。元々、沖縄振興策は、米軍基地の存在とは関係ないはずであったし、国としても、二〇〇〇年代に入るまでは、いわゆる「リンク論」、すなわち、振興予算は米軍基地受け容れを目的・条件とするという見方を、建前上は否定していた。

しかし、その陰で、沖縄の自治体は柔らかい腹を国に晒すこととなる。九六年のSACO合意後、国は、SACO関連事業を推進するために、七四年に制定された「防衛施設周辺の生活環境の整備等に関する法律」（環境整備法）第八条に基づく「SACO補助金」と、第九条に基づく「SACO交付金」を、辺野古新基地受け容れさせるために使ってきた。また、建前《たてまえ》に反して「リンク」の意図が明らかな「北部振興事業」を二〇〇〇年度から導入し、これは一〇年間で一〇〇〇億円とされる額を、北部自治体に落とす。さらに、県内の基地所在自治体全てに対して、「沖縄米軍基地所在市町村活性化特別事業」（通称「島田懇談会事業」）を、九七年から導入した。これは、「基地の存在による閉塞感を緩和」し活性化するためと、二一市町村が、三八事業を実施、総額八三〇億円が投下された。

二〇〇七年には、新基地建設との取引という本音をついに前面に出した「米軍再編交付金」制度を導入し、「出来高払い」と言われる、基地建設への作業段階に基づく交付金決定をおこなう、新基地建設との取引を狙いとする自治体誘導政策を確立させた。この間、沖縄振興（開発）予算は、最大であった九八年の四三三〇億円から、一一年には二三〇〇億円に減っていたが、それを補って、基地関係収入が九〇年代半ばの一五〇〇億円程度から、二〇〇〇億円程度に増加した。全県的な沖縄振興と入れ替わりに、基地受け容れ自治体への財源を増やし、沖縄自治体を金でがんじがらめにする効果をもたらした。

〔二つの流れ：名護市と一括交付金〕

このように、沖縄の自治体財政は基地依存を強めていった側面があるが、しかし、それは新基地を受け容れる北部自治体と、嘉手納《かでな》や普天間といった既存の大規模基地を抱える中部市町村にこそ当てはまるが、沖縄県内に数多い、米軍基地をほとんど持たない自治体には当たらない。それらの自治体にとっては、国の財政難にともなう沖縄振興予算の減額は、高率補助制度はつづいていても、他県と同様、公共事業依存の財政運営をつづけていくのが困難となってきたことを意味する。沖縄の市町村全てが基地関係収入の大きな利益を得ているのではない。

そして、表の宜野湾市以下にある中南部市町村の多くは、基地に頼らなくとも地域経済を発展させている。例えば豊見城市は、東洋経済新報社が発表している全国都市の「成長力ランキング」で、過去に複数回一位となっており、また、南風原町は、那覇市の住宅地であるだけでなく、「津嘉山かぼちゃ」が全国ブランドとなり高い収益性を誇る、都市型農業都市としても成長している。

いっぽう、名護市をはじめとする北部市町村は、北部振興策から米軍再編交付金につながる、基地との交換による移転財源の「恩恵」を受けてきた。辺野古が所在する名護市は、公共事業依存の典型例として知られ、基地関係収入は、ＳＡＣＯ以前の四・五倍となっている。国は、〇六年に「推進派」市長を選んだ名護市の体質から、最終的に辺野古新基地建設を強要できると考えていた。しかし、一〇年一月に、名護市民は驚くべき選択をした。「推進派」の現職を、「新基地絶対反対」の新人が破ったのである。さらに、同年九月、市議会議員選挙においても、反対派市議が多数を占める結果となった。一五年にわたり、金による懐柔策の焦点でありつづけた名護市で、市民がそれに反旗《はんき》を翻したのである。東日本大震災後に、原発所在自治体と沖縄の基地所在自治体に共通する性格があるという議論が盛んになされた。しかし、原発所在市町村首長で原発反対を主張しているのは、福島原発の当事者を除けば、茨城県東海村《とうかいむら》村長だけである。自治体財政の縛りはそれほどに強い。しかし、名護市民は、少なくとも

表　沖縄県市町村の基地関係収入比較

○米軍基地所在自治体	基地関係収入	歳入総額に占める割合
名護市○	26.9 億円	7.8%
恩納村○	24.6 億円	31.0%
宜野座村○	23.6 億円	32.3%
金武町○	27.1 億円	29.0%
嘉手納町○	16.8 億円	23.3%
宜野湾市○	11.7 億円	3.7%
那覇市○	5.4 億円	0.4%
豊見城市	0 億円	0.0%
西原市	0 億円	0.0%
南風原町	0 億円	0.0%
糸満市○	0.3 億円	0.1%

（『沖縄の米軍及び自衛隊基地（統計資料集）』平成 24 年 3 月，沖縄県知事公室基地対策課より著者作成）
http://www.pref.okinawa.jp/site/chijiko/kichitai/toukeisiryousyu2403.html

現時点で、従来の基地と金の取引との決別を選択した。国は名護市に対して、米軍再編交付金の支出を止め、市有地の米軍施設を返還し軍用地料支払いを止める、という「嫌がらせ」をしているが、名護市の補助事業の多くは、典型的な「無駄な公共事業」であり、予算の優先順位組み替えで、市民生活に打撃を与えない運営は可能である。

だが、国は、沖縄振興予算の大盤振る舞いという「賄賂」で、辺野古への反対を突き崩そうとしている。一二年度、沖縄県は新たな振興計画としての「沖縄二一世紀ビジョン」を、はじめて自ら作り上げた。しかし、財政面では旧来の仕組みが温存され、国は当初の概算要求二四三七億円に対し、沖縄県の要求三〇〇〇億円をほぼ全額認める決定を一一年一二月に下した。そのうち一五七五億円は、「使い勝手が良い」はずの「一括交付金」である。沖縄県内では、〇五年頃から、道州制政策に対し、沖縄単独州を求める動きが、また政権交代期には「地域主権改革」を追い風とし、より自立性の高い行財政制度を目指す動きが活発化した。しかし、これらは、「三〇〇〇億円」と一括交付金に収れんしてしまい、各市町村は予算消化策を捻り出すのに忙殺されている。ようやく高まってきた財政規律確立への認識が一遍に失われれば、それは辺野古新基地建設をねらう国の思う壺である。また、北部や離島の自治体に対する全県的な関心と、それに基づく経済・財政上の支援がないと、最も弱い地域であるだけに、基地問題で、国からねらい撃ちにされることになる。沖縄自治体の強い財政規律確立と、健全な自治の営みが無い限り、自治体財政が沖縄の意思を崩しかねないのである。

（佐藤　学）

〈参考文献〉宮本憲一・川瀬光義編『沖縄論—平和・環境・自治の島へ』（岩波書店、二〇一〇年）

◉コラム 米軍の戦力分析①

史上最強の第七艦隊

「確かに、われわれは不透明な国際状況の中で生きています。だからこそ、将来的に中国がどのような意図で対応してくるのか、見据える必要があるのです」。

　ワイキキビーチから車で三〇分の丘の上にあるキャンプ・スミス。太平洋軍司令官のロバート・ウィラード大将（当時）は真っ白い夏服で現れると、台頭著しい中国の脅威を説いた。二〇一二年一月、日本記者クラブの一員として訪れたハワイでのことだ。

　その直前にオバマ米大統領は新国防戦略を発表し、「アジア太平洋地域を最優先にする」とアジア回帰戦略を明らかにしていた。

　これはとりもなおさず、GDP二位の経済力を背景に急速に太平洋進出を図る中国への、覇権国家アメリカの回答ともいえた。その中国に対する最大の布石が、太平洋軍の指揮下で西太平洋とインド洋を担当海域とする第七艦隊だ。

「地球上で最強の艦隊」とも呼ばれ、横須賀基地を母港とする揚陸指揮艦「ブルー・リッジ」を旗艦《フラッグシップ》（司令部）に、六〇隻前後の艦船と三五〇機の航空機、兵力二万人で構成される。

　その中でも主力は、原子力空母「ジョージ・ワシントン」を中心とする第七〇任務部隊（CTF－70）だ。有事のさいにはミサイル防衛（MD）機能を持ったイージス駆逐艦、ミサイル巡洋艦計九隻のほか、多数の攻撃型原潜をしたがえて出動する。海洋大国アメリカのシンボルであり、その威圧力は現代の砲艦外交をほうふつさせる。

　そうした強大な戦力を前に、中国は「接近阻止」と呼ばれる新戦略を立ち上げ、対抗しようとしている。具体的には沖縄―台湾―フィリピンを結ぶラインを第一列島線、その外側の小笠原諸島―グアム―インドネシアを第二列島線と設定。二つの列島線の間を防衛区域と位置づけ、第七艦隊を世界初の対艦弾道ミサイル「東風21D」や攻撃型原潜などで迎撃するという考えだ。

　中国脅威論のやり玉に挙がっている空母配備計画もこうした接近阻止戦略を支える柱の一つと言えよう。問題は日中間の焦点となっている尖閣諸島がこの渦中にあるという事実だ。そして米国は「尖閣は日米安保の適用内」と明言している。

　ここで忘れてならないのは、第七艦隊が拠点としている横須賀基地は米空母が海外に持つ唯一の母港だということだ。それはとりもなおさず、日本列島全体が中国などを見据えた「不沈空母」であることを意味している。

（斉藤光政）

Theme 21

米兵と犯罪

●米兵をなぜ裁けないのか

【ポイント】
日本で罪を犯した米兵に対する極めて甘い処分が、事件・事故がくり返される温床となっている。米兵犯罪が厳正に裁かれない背景には、日本側の捜査を制約する不平等な地位協定とさまざまな「密約」がある。

〔日米地位協定〕

二〇一二年一〇月一六日未明、沖縄本島中部の路上で、二人の米兵が帰宅途中の二〇代の女性を後ろから襲い、強かんしたうえ首にけがを負わせる事件が起こった。

沖縄県議会が採択した抗議決議には、「またしてもこのような事件が起きたことは、県民の我慢の限界をはるかに越え、県民からは米軍基地の全面閉鎖を求める声も出始めている」という一文が入った。自民党から共産党まで全会派が賛成した決議で、「基地の全面閉鎖」に言及したのはこれが初めてであり、沖縄県民の怒りが文字通り「我慢の限界」を越え臨界点に達していることをあらわしている。いったいなぜ、このような蛮行がくり返されるのだろうか。

日米地位協定第一七条は、米兵らが「公務中」に事件を起こした場合は米側に、「公務外」の場合は日本側に第一次裁判権があると定めている。

この規定は、地位協定の前身である行政協定が一九五三年に改定されて以来、一度も変えられていない。五二年四月二八日に旧日米安保条約と共に発効した行政協定は、米兵らに対する裁判権はすべて米側が持つという、占領時代そのままの「治外法権《ちがいほうけん》」となっていた。それを「NATO協定並み」にしたのが、一九五三年の改定であった（しかし沖縄では「治外法権」の状態が本土復帰の一九七二年までつづく）。

改定により、条文上は、公務外の事件は日本側が優先的に裁判権を行使できるようになった。だが現実には、米兵が日本の裁判所で裁かれることは、その後もごく僅かなケースにとどまった。法務省の発表では、改定後の約五カ月間に日本側で起訴したのは、受理した一六四五件中三八件で、起訴率はわずか二・三％であった。

〔密約の存在〕

こうなった裏には、行政協定改定と同時に結ばれた「密約」の存在があった。

一九五三年一〇月二八日に開かれた日米合同委員会の裁判権小委員会刑事部会で、日本側代表の津田實《つだみのる》（当時の法務省刑事局総務課長）が次のような声明を読み上げ、その議事録に署名した。

（行政協定の）実際的運用に関し……日本国の当局が日本国にとって実質的に重要であると考えられる事件以外については……裁判権を行使する第一次の権利を行使する意図を通常有しない旨述べることができる

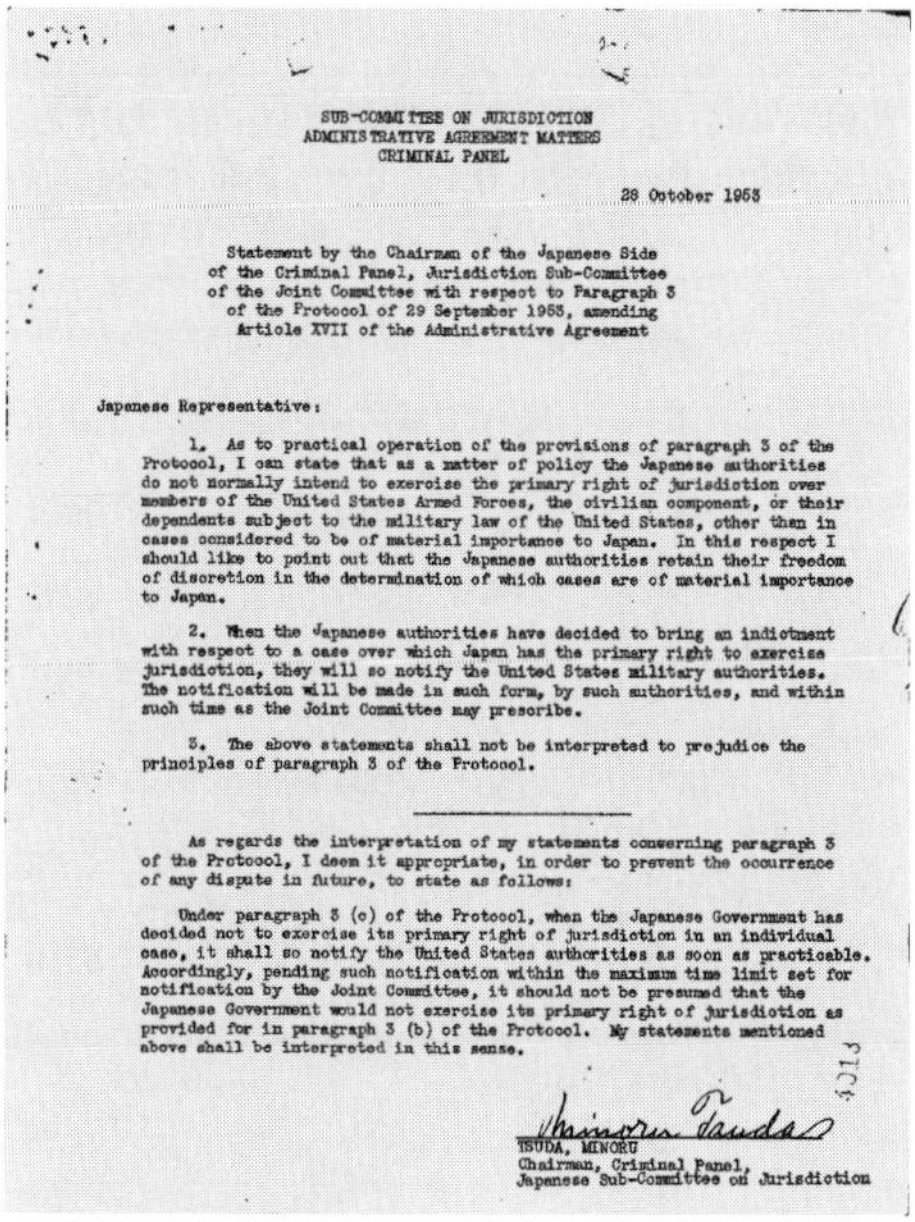

SUB-COMMITTEE ON JURISDICTION
ADMINISTRATIVE AGREEMENT MATTERS
CRIMINAL PANEL

28 October 1953

Statement by the Chairman of the Japanese Side of the Criminal Panel, Jurisdiction Sub-Committee of the Joint Committee with respect to Paragraph 3 of the Protocol of 29 September 1953, amending Article XVII of the Administrative Agreement

Japanese Representative:

1. As to practical operation of the provisions of paragraph 3 of the Protocol, I can state that as a matter of policy the Japanese authorities do not normally intend to exercise the primary right of jurisdiction over members of the United States Armed Forces, the civilian component, or their dependents subject to the military law of the United States, other than in cases considered to be of material importance to Japan. In this respect I should like to point out that the Japanese authorities retain their freedom of discretion in the determination of which cases are of material importance to Japan.

2. When the Japanese authorities have decided to bring an indictment with respect to a case over which Japan has the primary right to exercise jurisdiction, they will so notify the United States military authorities. The notification will be made in such form, by such authorities, and within such time as the Joint Committee may prescribe.

3. The above statements shall not be interpreted to prejudice the principles of paragraph 3 of the Protocol.

As regards the interpretation of my statements concerning paragraph 3 of the Protocol, I deem it appropriate, in order to prevent the occurrence of any dispute in future, to state as follows:

Under paragraph 3 (c) of the Protocol, when the Japanese Government has decided not to exercise its primary right of jurisdiction in an individual case, it shall so notify the United States authorities as soon as practicable. Accordingly, pending such notification within the maximum time limit set for notification by the Joint Committee, it should not be presumed that the Japanese Government would not exercise its primary right of jurisdiction as provided for in paragraph 3 (b) of the Protocol. My statements mentioned above shall be interpreted in this sense.

Minoru Tsuda
TSUDA, MINORU
Chairman, Criminal Panel,
Japanese Sub-Committee on Jurisdiction

●―裁判権放棄密約

つまり、改定によって日本側が第一次裁判権を獲得した公務外の事件についても、重要事件以外は裁判権を自ら放棄（不行使）すると約束したのである。これは、交渉がはじまった当初からアメリカ側が要求していたことであり、それを日本側が国民に秘密にする形で飲んだのであった。

日本政府は、二〇〇八年に密約のコピーが米国立公文書館で発見されてからもその存在を否定してきたが、一一年八月についに認めた。しかし、「日本側の一方的な政策的発言」であり「日米両政府間の合意を構成したことは一度もなかった」などという詭弁《きべん》で密約であることを否定した上で、日本人が起こした事件と同様に「我が国の法と証拠に基づき適切に処理している」と強調した。

だが、政府がどう弁明しようとも、検察の判断に大きな差があることは、実際の処分結果を見れば明らかである。

〔低い起訴率〕

法務省の統計によれば、二〇〇一年から〇九年までの一般刑法犯の起訴率は、国内の全事件で約四八％となっているのに比べて、米軍関係者による事件は約二五％とほぼ半分となっている。罪名ごとに見ても、強かんは三三件中八件（約二四％）、強制わいせつは一九件中二件（約一一％）しか起訴されていない。国内全体では約六〇％が起訴されているのに

表　米兵らによる事件と一般事件の起訴率

罪　名	米兵らの起訴人員数（01 - 09 年）	米兵らの不起訴人員数（01 - 09 年）	米兵らの起訴率（01 - 09 年）	国内における全事件の起訴率（01-08 年）
公務執行妨害	1	11	8%	54%
住居侵入	19	84	18%	51%
強制わいせつ	2	17	11%	58%
強かん	8	25	24%	62%
殺　人	3	1	75%	58%
傷害・暴行	73	204	26%	58%
窃　盗	42	503	8%	45%
強　盗	33	16	67%	81%
詐　欺	0	40	0%	67%
横　領	0	43	0%	16%
一般刑法犯全体	242	712	25%	48%（※ 01-09 年）

（注）米軍事件は「合衆国軍隊構成員等犯罪事件人員調」，国内事件は「検察統計年報」に基づく

比べて、極めて甘い処分だ。ほかにも、殺人と強盗の凶悪犯をのぞき、軒並み起訴率は低くなっている。

法務省はかつて、米軍関係者による事件の起訴率が低いのは、「米側に裁判権を行使させた方が再犯防止などの刑事政策上有効」（津田實）という場合もあるからだと国会で説明したことがある。それでは、日本側が不起訴にした事件をアメリカ側ではどのように裁いているのだろうか。

〔起訴の実態〕

二〇〇七年、広島市内の繁華街で、一九歳の日本人女性が岩国《いわくに》基地所属の四人の海兵隊員に自動車の車内で強かんされる事件が起こった。日本側が不起訴にしたため、四人の犯人は軍法会議にかけられたが、結局司法取引により強かん罪は適用されず、「不正な性的行為」などの軽微な罪で懲役一〜二年と不名誉除隊の軽い処分で済まされた。

米軍全体でも、表面化した性犯罪のなかで容疑者が軍法会議にかけられるのは一割余りで、軍法会議によらない懲罰を含めても二割程度にしかならない（二〇〇八会計年度）。米軍は、こうした犯罪に非常に「寛容」なのである。アメリカ側に裁判権行使を委ねた方が刑事政策上有効という説明は説得力を欠く。

かつて横田の在日米軍司令部で首席法務官（国際法）を務

めていたデール・ソネンバーグは二〇〇一年に刊行された『駐留軍隊の法律に関するハンドブック』（オックスフォード大学出版局）所収の共同執筆論文のなかで、日本は裁判権不行使の密約を「忠実に実行してきている」とし、「日米両当局の緊密な協力関係」が「アメリカ側裁判権の最大化」を実現してきたと高く「評価」した。一九五三年の行政協定改定以来、表向き日本側に第一次裁判権を持たせても、実際にはそれをなるべく行使させないというアメリカ側の思惑通りに進んできたのである。

日本側による裁判権行使をできる限り少なくするための取り決めは、この密約にとどまらない。ソネンバーグは、その代表的なものとして、「被疑者に対する米側の捜査」と「起訴するかどうかを通告する時間の制限」を挙げている。

地位協定では、被疑者の身柄が米側にある場合、日本側が起訴するまでその身柄は米側に置かれると定めている。ひとたび犯人が基地に逃げ帰ってしまえば、日本の捜査機関は自由に捜査ができないのである。日本政府は「アメリカ側の協力で捜査に支障はない」と説明しているが、実際には強制捜査ができないので任意捜査とならざるを得ない。二〇〇九年に沖縄県読谷村《よみたんそん》で起こった米陸軍兵によるひき逃げ事件（被害者の男性は死亡）では、被疑者が取り調べを拒否したため事情聴取すらできず、県警本部長が「逃げ得を許すわけにはいかない」と異例の発言をおこなう事態になった。

また、日本側に第一次裁判権がある場合、日本は裁判権を行使するかどうかを、軽微な犯罪の場合は一〇日間、その他の犯罪の場合は二〇日間以内にアメリカ側に通告しなければならない。通告がなければ、裁判権は自動的にアメリカ側に移るとされている。これは地位協定ではなく、日本政府が「日米両当局間の内部的な運用準則」として非公表（要旨のみ公表）にしている「合意事項」と呼ばれる取り決めのなかで定められている。

被疑者を自由に取り調べできない上に、起訴するかどうか決定するまでに制限時間があり、日本の警察や検察による捜査は大きく制約される。さらに、被疑者の身柄がアメリカ側にある場合、被疑者は基地内で自由に行動できる場合が多い。前出の広島市での強かん事件のように被疑者が複数いる場合、取り調べの状況を互いに情報交換したり、口裏を合わせることも可能だ。こうなると捜査は非常に困難となる。

一九九五年に沖縄県で発生した少女暴行事件を受けて、日米両政府は殺人と強かん事件の場合は起訴前であっても日本側に被疑者の身柄を引渡すとの「運用改善」で合意するが、これも米側が「好意的配慮」を払って同意した場合に限られた。二〇〇二年に沖縄県具志川《ぐしかわ》市（現うるま市）で発生した米海兵隊員による強かん未遂事件では、日本側の身柄引き渡し要請をアメリカ側が拒否するなど、あくまで米軍の裁量次第となっている。

〔公務中の事件の実態〕

それでは、米側に第一次裁判権がある「公務中」の事件は、どのように裁かれているのだろうか。

防衛省によれば、一九八五年から二〇〇四年までの二〇年間に、「公務中」事件は約七〇〇〇件発生し、死者も二一人出ている。法務省によれば、この間に軍法会議にかけられたのはたったの一件しかない。懲戒《ちょうかい》処分となったのも三一八件で、大半が軽い処分で済まされるか無罪放免となっている。二〇〇四年八月に沖縄国際大学の構内に海兵隊ヘリが墜落した事故でも、一九七七年に横浜市緑区の住宅街に米軍戦闘機が墜落し一歳と三歳の幼児が死亡した事故でも、軍法会議にはかけられなかった。

米軍は「公務中」の範囲を可能な限り拡大解釈することで、米側裁判権を最大化しようとしてきた。たとえば、通勤途中に起こした交通事故なども「公務中」に含めるといった合意を合同委員会で結んでいる。米軍当局が「公務証明書」を発行した場合でも、日本側で反証があれば異議を申し立てることができるが、これまでにそうしたのは一九五七年の「ジラード事件」と一九七四年の「伊江《いえ》島事件」の二例しかない。ジラード事件では、米側が裁判権を放棄し日本側で起訴されたが、日米間で刑を軽くするという密約が結ばれ、悪質な殺人事件にもかかわらず傷害致死罪で懲役三年執行猶予四年というきわめて甘い処分で済まされた。伊江島事件では、米側が「公務中」と譲らず、日本側が裁判権を放棄することで決着した。米側がひとたび「公務中」と言えば、日本側では裁かれることはまずないというのが実態である。

自国の領域内で起きた犯罪に対して裁判権を行使するのは、主権の核心をなす問題である。地位協定や「密約」があることで我が国の主権が侵害されているとともに、このような甘い処分が続く限り、米兵犯罪に対する再発防止策は有効に機能しない。「運用改善」ではなく、地位協定の抜本改定と密約の破棄が求められる。

（布施祐仁）

〈参考文献〉布施祐仁『日米密約　裁かれない米兵犯罪』（岩波書店、二〇一〇年）、琉球新報社取材班「検証地位協定　日米不平等の源流」（高文研、二〇〇四年）

◉コラム 米軍の戦力分析②

海兵隊とオスプレイ

米海兵隊が「新時代の強襲機」と鳴り物入りで導入した垂直離着陸輸送機ＭＶ－22「オスプレイ」。その第一陣が明日にも沖縄県・普天間飛行場（第三六海兵航空群）に配備されるという二〇一二年九月末、私は取材で那覇市にいた。

「危険機を持ち込ませるな」「沖縄を捨て石にする気か」。オスプレイ・ノーの県民の叫びを耳にし、熱気を体に受け、あらためて日米同盟という国策に振り回されつづけるオキナワの悲劇を感じた。

なぜ、沖縄県民がノーを突きつけるのか。それは簡単だ。同機は「ウィドー・メーカー（未亡人製造機）」の呼び名が高い、いわくつきの機体だからだ。

新型機の開発には事故やトラブルがつきまとう。現用の中型ヘリコプターＣＨ－46の後継機に当たるオスプレイも例外ではなく、一九九一年の試験段階から二〇一二年二月までに六〇件以上の事故を起こしている。特に墜落事故が六件と高く、死亡者は三六人に上る。唖然とするばかりだ。

事故の要因はその独特のシステムにあるとされる。オスプレイは両翼端にある回転翼の角度を変えることで垂直に離着陸するほか、水平飛行を可能にしたわけだが、その角度を変える転換モード段階が「職人技を要する」（軍事専門家）というのだ。固定翼機のように高速で飛び、回転翼

機のようにどこでも離着陸できるという夢の航空機には大きな落とし穴があったのだ。

しかし、そんな危惧の声に対して、日米両政府は「過去の事故は人的要因が大きい」と操縦ミス説を採り、欠陥説を真っ向から否定。地元の反対を押し切る形でオスプレイ配備に踏み切り、二〇一二年一〇月七日までに全一二機の普天間基地配備を終えた。「はじめに配備ありき」は貫かれたのである。結果的にオスプレイ配備は、在日米軍の装備変更に対して日本側が一切異を唱えられないという、日米安保条約の欠陥を広く露呈することにもなった。

長い滑走路が要らず、速く（最高速度は約五六〇キロ）、しかも遠くまで（航続距離は二四人の兵員輸送時で約一〇〇〇キロ）戦闘要員を運べるオスプレイ。敵の攻撃を受けにくいはるか洋上の強襲揚陸艦から大量に兵員を送り込む。そんな作戦が可能となり、理論上は普天間飛行場から直接、尖閣諸島やさらには台湾への長距離攻撃すら可能だ。

そんなオスプレイの強行配備が意味することは誰の目にも明らかだ。それは東シナ海をはるか越え、太平洋へ大胆な進出を図る中国への米国の警告。「太平洋に手を出すな」。

（斉藤光政）

Theme 22

基地と裁判

●なぜ国に有利な判決がでるのか

〔砂川基地訴訟〕

米軍基地や駐留米軍人などは、周辺の住民などに重大な被害を与えてきた。そのため、基地への反対運動やさまざまな裁判が起こされてきた。まずは米軍基地に関わる代表的な裁判を紹介しよう。

「砂川《すながわ》事件」とは二〇年にわたる、立川《たちかわ》基地拡張反対に関わる裁判全体を指すが、ここでは有名な事例である刑事特別法違反事件（第二次砂川事件）を紹介する。一九五七年七月、政府は立川基地拡張のための測量を強行した。立川基地拡張に対して反対派の市民が抗議行動をしたさい、抗議集団の数人が数メートル基地内に入った。この行為が、「正当な理由なく米軍の基地内に立ち入る罪」（旧安保条約三条に基づく行政協定に伴う刑事特別法二条）とされ、起訴された。

第一審判決（通称「伊達《だて》判決」）では、日米安保条約と、安保条約にもとづき日本に米軍が駐留するのは憲法九条二項違反とされた。この判決に対して、憲法の生みの親と言われた金森徳次郎《かなもりとくじろう》は「安物にいい物はないのだから裁判官の給料をあげてやることも必要だ」（「安もの裁判官論」）と述べて裁判官を批判した。そして最高裁判所は、（旧）安保条約は高度に政治性をもち、憲法違反かどうかは裁判になじまないとして判断を避けた。

【ポイント】
「国の最高法規」（憲法九八条一項）である「日本国憲法」が法律や行政行為によって侵害されたさい、裁判所は法律や行為を無効とする任務がある（憲法八一条）。しかし最高裁判所はこうした役割を果たさず、安保体制を擁護する判決を下してきた。

〔爆音訴訟〕

たとえば二〇一二年五月二一日から二四日にかけて、厚木《あつぎ》基地で米軍機による「夜間離発着訓練（NLP）」がおこなわれた。大和市や綾瀬市などではガードレール下の騒音に匹敵する一一〇デシベルの爆音が出され、周辺住民からの苦情は五年前の二〇〇七年のNLPの二倍以上の三〇〇〇件以上にのぼった。米軍機によるこうした爆音に対して現在、日本では横田《よこた》、厚木、小松《こまつ》、岩国《いわくに》、嘉手納《かでな》、普天間《ふてんま》基地の六ヵ所で爆音訴訟が起こされている。基本的には米軍機による過去の爆音への損害賠償は認められてきた。二〇一〇年の普天間爆音訴訟控訴審判決では一日当たりの賠償額が倍額にされたが、一九九四年の横田基地第三次控訴審判決以降、W値（うるささ指数）七五区域が一日当たり一〇〇円、W値八〇区域には一日二〇〇円という賠償額が定着している。しかし、爆音の原因となる米軍機の飛行差止めは訴えが却下されてきている。

〔代理署名拒否裁判〕

沖縄で米軍用地として提供されている土地の約三割は民有地であるが、自分の土地を基地として提供するのを拒否する、いわゆる「反戦地主」の土地は、「米軍用地収用特措法」および「土地収用法」にもとづき強制収用がなされてきた。その手続きでは、最終的には知事の代理署名が必要になる。ところが一九九五年の少女暴行事件で激高の最中にあったので、大田《おおた》昌秀《まさひで》沖縄県知事は代理署名を拒否した。そこで総理大臣は署名等の代行事務の執行を求めて提訴した。第一審福岡高裁那覇支部は大田知事に本件署名の執行を命じた。大田知事は上告した。大田知事は最高裁判所で「憲法の理念が生かされず、基地の重圧に苦しむわが県民の過去、現在の状況を検証され、憲法の主要な柱の一つとなっている基本的人権の保障及び地方自治の本旨に照らして、若者が夢と希望を抱けるような、沖縄の未来の可能性を切りひらくご判断をしてください」との意見陳述をおこなった。

しかし最高裁判所は大田知事の上告を棄却した。最高裁は、日本国憲法では「国際協調主義」が基本原理とされ、条約を誠実に遵守《じゅんしゅ》することが求められること、日本はアメリカと日米安全保障条約を締結しているので、日米安保条約の誠実な履行《りこう》のために反対地主の土地を駐留軍に提供するために強制的に使用、収容することも必要かつ合理的であるので「駐留軍用地特措法」は憲法に反しないとした上で、知事に代理署名を命ずる判決を下した。

〔基地をめぐる司法の対応〕

「国の最高法規」（憲法九八条一項）である「日本国憲法」

毎日新聞 夕刊
砂川事件の違憲判決
最高裁に飛躍上告
米月初め優先審理
中労委は片手落ち

●— 1959 年 4 月 3 日付『毎日新聞』

が法律や行政行為によって侵害されたさい、裁判所は法律や行為を無効とする任務がある（憲法八一条）。こうして「法の支配」を貫徹する任務が裁判所にゆだねられている。ところで、裁判所はこうした任務を忠実に遂行してきたのか。

まずは「伊達《だて》判決」の飛躍上告を受け入れた最高裁判所。一九五九年五月二日、弁護団代表と面会したのは斉藤悠輔《ゆうすけ》主任裁判官。彼は最初の治安維持法適用事件である「京都学連事件」で大阪控訴院判事として有罪判決（しかも第一審判決より刑罰を格段に重くした）に関与した経歴が示すように保守的な思想の持ち主だが、「この事件は国際的に重大な影響があるので、六月弁論、八月判決ということにしたい」と述べた。こうした対応には、法廷で当事者に十分に主張をさせ、両者の主張を公平な立場から裁定するという「公平な裁判所」（憲法三七条）という観念はなかった。

さらにこの事件は八ヵ月という異例の速さで判決が下された。迅速に判決を下した背景には、安保条約改定前に違憲判決を破棄しようとする政治的意図が明白であった。基地建設のための保安林解除処分をきっかけに自衛隊の合憲性や平和的生存権が争点になった。「長沼訴訟」では、平賀健太《ひらがけんた》札幌地方裁判所所長が担当裁判官である福島重雄《ふくしましげお》裁判長に対し、自衛隊に関する憲法判断を避けるように促した裁判干渉の書簡を渡した。ちなみに平賀健太は米軍への民事訴訟のさいに文書や物件などの証拠を出さなくても良いという、民事裁判に関する密約（「日米合同委員会第七回本会議に提出された一九五二年六月二一日付裁判権分科委員会勧告」）の責任者であり、「行政庁（法務省）出身の平賀さんを札幌地裁の所長にした最高裁の意図は見当がついた」と福島重雄は述べている。第一審で「自衛隊は憲法違反」との判決が下されたために国は控訴したが、最高裁判所は高等裁判所の担当裁判官全員を入れ替える人事配置をおこなった。

〈なぜこうなのか〉

「内閣にべったり」と言われた石田和外《かずと》最高裁判所長官すら「公害は政治の貧困が問題」と批判していたこともあって、過去の爆音の損害賠償については裁判所も認めてきた。しかし、国に対する行政訴訟では、国側に有利な判決を下す裁判官が多い。基地をめぐる裁判でも同様な傾向がある。なぜか。

まず、自民党政権が長くつづいてきたこと、最高裁判所裁判官の任命が政府だけの関与で認められ（憲法七九条）、最高裁判所による個々の裁判官への統制が強化されてきたため、政府擁護の姿勢になる裁判官が多くなってしまうことが挙げられる。たとえば一九五〇年三月から一九六〇年一〇月まで最高裁判所長官だった田中耕太郎《こうたろう》、次の最高裁判所長官であった横田喜三郎《きさぶろう》も、日米安保体制を擁護する姿勢を表明していた。

また、裁判官と検事の人事交流である「判検交流」も、国側に有利な判決を下す裁判官を生み出す土壌となっている。裁判官が法務省に出向して国が被告となる事件の代理人になり、再び裁判所に戻るなどの「判検交流」を通じて裁判官が国側の対応に理解を示すようになり、国に有利な判決を下す裁判官が出てくる。

そしてなにより、米軍関連の裁判に関しても「司法権の独立」（憲法七六条三項）が喪失されてきたことがあげられる。最高裁判事であった五鬼上堅磐《ごきじょうかきわ》によれば、占領下ではGHQから、あの裁判はこう判決せよと命じられたり、米軍からピストルを突きつけられて判決を下した裁判官もいたという。アメリカへのこうした服従は日本の占領が終わっても変わらなかった。たとえば「伊達判決」が下された翌日以降、新聞によれば「米、差し当たり静観の態度」（一九五九年三月三一日付『朝日新聞』）、「米政府は一応注目しながらも静観の態度をとっている」（一九五九年三月三一日付『毎日新聞（夕刊）』）と報じられている。「その理由の一つは、問題が日本の裁判所の問題であり、特にアメリカでは行政府側が裁判所の問題に口を入れることはタブーとされている」からだという（一九五九年三月三一日付『朝日新聞』）。

しかし、事実は異なっていた。新原昭治『日米「密約」外交と人民のたたかい　米解禁文書から見る安保体制の裏側』（新日本出版社、二〇一一年）などによれば、駐日米大使マッカーサー二世はひそかに藤山愛一郎《あいいちろう》外務大臣や田中耕太郎最高裁判所長官と会談し、「伊達判決」をすみやかに破棄するように求めた。時間を長引かせ、東京、大阪、北海道などの知事選挙に影響を与えないためようにするため、大使は高等裁判所への控訴《こうそ》ではなく、最高裁判所への飛躍上告をすすめていた。裁判のあり方について外国が干渉するなど、内政干渉の最たるものであり、まさに「司法権の独立」の蹂躙《じゅうりん》である。米軍人の犯罪や損害賠償訴訟にもアメリカ側に有利な密約がある。こうした状況は変わっていない。（飯島滋明）

〈参考文献〉新井章『体験的憲法裁判史』（岩波書店、一九九二年）、福島重雄、水島朝穂、大出良知『長沼事件平賀書簡』（日本評論社、二〇〇九年）

Theme 23

●核戦略はどこへ行くのか

一九七〇～八〇年代の基地の変化

【ポイント】
在日米軍基地は一九七二年の沖縄返還を境に大きく変化する。返還以前はソ連・中国を主なターゲットにした核出撃拠点、そして返還後は対ソ封じ込め戦略を担う不沈空母としての役割である。

〔冷戦の二つの分岐点〕

在日米軍は日本を守るためにいるということが言われているが、本当にそうだろうか。まだ冷戦がつづいていた沖縄返還後の時期を取り上げて見てみたい。

一九七〇～八〇年代。まさに在日米軍基地は激動の時代を迎える。

大きく分けて、二つの転機があった。それは在日米軍基地の性格、さらには任務内容すら左右する重大な分岐点でもあった。その二つとは……。一つは一九七二年の沖縄返還であり、もう一つは八九年の冷戦崩壊である。

「核抜き本土並み」。そう高らかにうたい上げた沖縄返還は在日米軍に核戦略の根本的な見直しを迫った。その最たるものが、日本列島の空軍基地を出撃拠点とした航空機による核攻撃作戦だった。有事のさいには、沖縄から「コア」と呼ばれる核弾頭《かくだんとう》（正式には核物質）を日本本土に特殊輸送機で運び込み、待機している戦闘爆撃機などに装着し出撃させる。

主な目標はソ連極東地区と中国東北部。一九五〇年代から綿密に練り上げてきたこうした核攻撃計画が、沖縄に核兵器を置けなくなったことですべてご破算になったのである。便《べん》宜《ぎ》的に区分すれば、「前期核時代」ともいうべきものの終焉である。

しかしその後の世界史が示すように、冷戦そのものはつづく。沖縄というアジア最大の核貯蔵庫を失った米軍は、今度は日本列島そのものを不沈空母《ふちんくうぼ》、つまり巨大な防衛ラインに仕立て上げ、ソ連・中国に対抗しようとしたのである。とくに、米軍が最大のターゲットと見定めていたのが、核戦争の新たな主役に躍り出た戦略型原子力潜水艦（以下原潜）だった。

海中を静かに忍び寄り、突然のように核ミサイル（SLBM）を発射する戦略型原潜はアメリカにとって（もちろんソ連にとっても）悪夢以外の何者でもなかった。加えて、戦略型原潜を強力にガードするとともに太平洋進出を図る極東ソ連海軍も、太平洋を「わが海」ととらえる覇権国家アメリカにとっては目ざわりな存在だった。

ソ連の戦略型原潜、そして太平洋艦隊を狙え――。その至上命令の下、本州北端にある三沢基地（青森県）に新たに配備されたのが、対地攻撃に優れ、戦術核爆弾の運用が可能なF―16戦闘機だった。冷戦が最後の炎を燃え立てていた一九八五年のことである。こちらは「後期核時代」と位置付けることができよう。

そして、わずか四年後。東西陣営を隔てていた壁が突然のように崩れ落ちる。核の恐怖は去ったかのように見えたのだが……。二つの核の時代を振り返る。

〔核出撃基地ニッポン〕

青い海に真っ白な砂浜、風にそよぐアダンの木。本土の人間が思い描く沖縄の風景だが、そんな亜熱帯の島に米軍がせっせと貯め込んでいたのが「核」だった。

「次に起きる戦争は核戦争以外にありえない」。米ソの指導者はもちろん、国民までがそう信じ込んでいた一九五〇～七〇年代は、核の時代にほかならなかった。それは当時の娯楽の王者でもあった映画のラインナップを見れば一目瞭然だ。

たとえば、核戦争を生き延びた人類にしつように迫り来る死の灰の恐怖を描いた「渚《なぎさ》にて」（一九五九年）。鬼才スタンリー・キューブリック監督が米爆撃機B―52の核報復戦略をブラックコメディに仕立てた「博士の異常な愛情」（一九六三年）。ささいなアクシデントから核戦争に突入しようとする米大統領の苦悩を名優ヘンリー・フォンダが演じた「未知の飛行」（一九六三年）。平和時にもかかわらず一触即発《いっしょくそくはつ》の追撃戦を繰り広げるソ連潜水艦と米艦隊の実態を暴いた「駆逐《くちく》艦ベッドフォード作戦」（一九六五年）などなど。

手持ちのDVDをもとに、思いつくままに記してもこんなにある。そんな中、日本列島は来るべき第三次世界大戦に備えて、核出撃基地に位置付けられていたのである。この衝撃的な事実の詳細は謎に包まれていたが、筆者が入手した米空軍機密文書によって、日本列島を舞台にした核攻撃作戦の全容を解明することができた。

機密文書は米情報公開法によって解禁されたもので、それによると三沢（青森県）、入間《いるま》（埼玉県）、小牧《こまき》（愛知県）、板《いた》付《づけ》（福岡県）の四空軍基地に核攻撃任務が与えられていた。もちろん、米軍政下にあった嘉手納《かでな》基地（沖縄県）も同様であることは言うまでもない。

●―三沢基地のF-100戦闘爆撃機

各部隊の任務内容について、文書は「合衆国と同盟国に対する敵対行為があった場合のEWPの実行にある」（一九六一年作成）と端的に記す。

EWPとは全面核戦争突入を想定した米空軍版マニュアルのことで、EWP遂行のため各基地の司令官に与えられた具体的な特別権限を次のように列記する。

1　核搭載が可能な部隊のアラート（緊急出動待機）着手
2　核搭載が可能な機体への核兵器搭載
3　世界大戦が発生した場合、事前計画された核攻撃の着手

見てわかるように「核攻撃」の文字があまりにも生々しい。冷戦時代の在日米軍基地が核攻撃を前提にしていた部隊だったことがよくわかるだろう。核攻撃任務が与えられた時期は文書によって一九五七年までさかのぼることができる。

つまり、日本列島の核出撃基地化は、少なくとも沖縄が返還される七二年まで一五年にわたって継続されていたということだ。また、さまざまな状況証拠などから、在日米空軍および在日米軍司令部のある横田基地（東京都）にも核任務が与えられていた可能性が高いことがわかっている。

三沢、小牧、板付にはF―84、F―100の戦闘爆撃機、入間にはB―57軽爆撃機が二〇～四〇機配備され、EWP発令とともに前記のように嘉手納基地内の核貯蔵庫から運び込まれた「コア」が核爆弾本体に装着されることになっていた。

核爆弾は広島型原爆の五倍の爆発力を持つMk（マーク）―7に始まり、水爆のMk―28、Mk―43へエスカレートし、最終的には現在も装備中のB―61にたどり着く。

ここで疑問に浮かぶのが日本には「核を持ち込ませない」という非核三原則があったのではないかというシンプルな疑問だ。じつは、そこには米軍と日本政府がつくり上げた巧妙な抜け道があった。本土への「コア」搬入も「一時的に運び込んで取り付け、再び送り出す」だけの「一時通過」にすぎない。だから、「持ち込み」には当たらない、というレトリック＝密約である。非核三原則は形だけのものになっていたということである。

〔標的はオホーツク〕

日本列島そのものを核出撃基地にする。そんな米軍の核戦略も一九七二年の沖縄返還とともに白紙撤回となる。そんな中、在日米軍にとって新たな脅威として浮上してきたのが、七〇年代半ばからソ連海軍が着々と開発・配備を進めてきた戦略型原潜だった。ソ連戦略型原潜のターゲットは米本土。米国にとっては国家の存亡さえ左右しかねない脅威だった。この戦略型原潜が潜んでいたのが、厚い氷に守られたオホーツク海だった。

オホーツク海で行動する戦略型原潜の位置を常時つかみ、有事には核ミサイル発射前に破壊する。その刺客第一陣として一九七五年に三沢基地に送り込まれたのが最新鋭の対潜哨戒機P―3C（九機）。そして、第二陣こそが、やはり最新鋭のF―16戦闘機（二個飛行隊、四〇機）にほかならなかった。当時の米軍関係者は「F―16は冷戦勝利のための切《き》り札《ふだ》であり、槍《やり》の穂先《ほさき》である」と語った。核出撃基地から現代戦の最前線基地へと日本列島そのものが大きく変貌した瞬間ともいえる。これは八五年のことである。

こうした強力な航空戦力を背景に米国は高らかに宣言した。

もし、ソ連が西欧に侵略すれば極東で第二戦線を開き、三沢のF―16と巡航ミサイル・トマホークの積載艦で対抗する（一九八六年）

ソ連へのあからさまな牽制だった。ソ連もすかさずやり返した。

ソ連のアジアの中距離核戦力は、日本に配備されているF―16に対抗する（同）

一九八〇年代後半、北日本を接点に米ソの火花は激しく散り、火花は米ソ衝突という名の爆弾に引火しかねない勢いだった。世界が固唾《かたず》をのんで成り行きを見守った。

そして一九八九年……。突然ともいえる冷戦の終結。在日米軍はソ連という最大のライバルを失った。幸運なことにF―16という「槍の穂先」は一度も使われぬままに終わったのである。しかし、その槍の穂先は新たな敵を求めて中東、朝鮮半島へ飛び立つことになる。それは九〇年代のことで、詳細はテーマ㉖に譲ることにする。

（斉藤光政）

〈参考文献〉斉藤光政『米軍「秘密」基地ミサワ』（同時代社、二〇〇二年）、斉藤光政『在日米軍最前線』（新人物往来社、二〇〇八年）

Theme 24

冷戦の終結と基地

●なぜ日本の基地は減らないのか

【ポイント】
米軍基地が縮小・撤廃されているという世界的な流れに逆行し、日本では基地や駐留米軍の強化がなされている。その理由として「米軍による抑止力」「基地周辺の経済効果」があげられるが、この背景をさぐる。

〈冷戦後の世界の米軍基地の状況〉

冷戦が終わり核兵器大国だったソ連は崩壊した。しかし日本の基地は減るどころか、かえって強化されているのはなぜだろうか。

冷戦期、アメリカはソ連を仮想敵とした世界戦略を立てていた。米ソ戦が起こったさいの主戦場と考えられていたヨーロッパには数多くの核兵器も配備され、多数の米兵が駐留していた。日本にも「ソ連脅威論」が唱えられ、多くの米軍が駐留していた。

ところが一九八九年、冷戦が終わった。一九九一年にはアメリカの仮想敵であったソ連は消滅した。冷戦時の軍拡による財政破綻に悲鳴を挙げていたアメリカは「軍備削減」の観点から、とりわけ費用がかかる海外の駐留兵士を撤退させ、米軍基地を次々と撤去・縮小させてきた。さらにアフガン戦争やイラン戦争でも多大な戦費を費やし、大いなる財政赤字が頭痛の種となっていたアメリカは、やはり財政赤字削減のために海外に駐留する部隊や基地を撤退、縮小させてきた。冷戦期にはドイツや韓国には多くの米兵が駐留していたが、現在は大幅に削減されている。

〈日本はどうか〉

以上のように、米軍は世界規模で駐留兵士を撤退させ、基地を撤去・縮小させてきた。にもかかわらず、日本には依然として多くの兵士が駐留し、基地も存在する。米国の海兵隊が海外に常時駐留していたり、空母（現在は原子力空母ジョージ・ワシントン）の母港があるのは日本だけである。半世紀以上にわたり首都に外国部隊が駐留するなど、日本は植民地なみの状態にある。それどころか最近でも、米海兵隊の岩国基地には新型滑走路の増設がなされた。二〇一二年一〇月、沖縄には「未亡人製造機」といわれるほど事故が多いオスプレイが配備された。二〇一二年四月、佐世保では「エセックス」に代わり、オスプレイ一二機が搭載可能な強襲揚陸艦「ボノム・リシャール」(四万五〇〇〇トン)が配備された。辺野古《へのこ》に新たな基地を作ろうとしたり、オスプレイ配備のためのヘリパッドが沖縄県国頭郡《くにかみ》東村《ひがしそん》の高江《たかえ》に建設されようとしている。このように、米軍の縮小・撤退どころか基地・軍機能の強化すらされている。なぜ日本はこうした状況なのだろうか。

●—佐世保に停泊するボノム・リシャール

　その理由としては、まず、米軍が日本に駐留することで日本の平和と安全が守られると政治家やメディアから主張されることにある。冷戦の最中にはとりわけ「ソ連の脅威」のために「日米安保」は必要であり、米軍が日本に必要とされた。冷戦が終わると「ソ連の脅威」はなくなったが、「ならず者国家」への対応、最近では「中国の脅威」や「北朝鮮の脅威」は依然として存在する。米軍が日本に駐留することが、日本に対する外国からの侵略への「抑止力」となっているという。

　つぎに、米軍がいることで基地周辺の経済が成り立っているとも言われる。強かんなどの性犯罪や殺人といった凶悪犯罪、米軍機による騒音や環境汚染に苦しめられてきた沖縄すら「米軍基地オアシス論」が唱えられ、産業が盛んでない沖縄では米軍基地がなければ雇用や金が生まれず、沖縄経済は成り立たないと言われる。三沢基地でも実際、二〇〇九年にF—16戦闘機部隊が撤退するという噂が流れたさい、経済的な影響を憂慮した三沢市長などは撤退しないように米軍司令官に要請した。

〈本当に基地が必要か〉

　しかし、米軍がいることで本当に日本の安全が守られているのか。また、米軍がいないと地域経済が成り立たないのであろうか。

　まず、基地があると日本の安全が守られるのか。そもそも旧安保条約が締結されるさい、日本を守る義務を条約に明記するのをアメリカが拒否していた事実が忘れられてはならない。そして、後で登場するチェイニー国防長官のように、攻撃対象になる可能性すらある。

「日本を守るためにいるわけではない」としばしば米高官は発言する。それどころか、アメリカ軍がいることでかえって攻撃対象になる可能性すらある。

一九七七年に防衛庁官房長であり、多くの米軍関係者と関係のあった竹岡勝美《たけおかかつみ》は、「旧ソ連には、日本のみの侵攻計画は全くなかった。米ソの核戦争が勃発したときには、横須賀《よこすか》、佐世保《させぼ》、嘉手納《かでな》、三沢《みさわ》などの米軍基地を標的としていた」という。冷戦後のロシア・コズイレフ外相の発言を紹介し、「米ソ戦に巻き込まれる危険」があったと述べている。アメリカでも、「アメリカの海外にある基地は原水爆を吸収する」という「吸収効果」、あるいはマグネットとしての効果が想定されていた。つまり、アメリカ本国への攻撃を減少させるために海外に基地が置かれているという。このように、米軍基地は外国からの侵略に対する「抑止力」になって日本を守るどころか、米国の戦争相手からの攻撃を招き寄せる危険性がある。

つぎに、基地と経済の問題を考えてみよう。確かに第二次世界大戦直後、日本経済の復興、地域経済の活性にとって米軍基地が一定の貢献をしてきたのは否定できない。しかし最近はどうか。地域性などにより必ずしもすべての基地で同じことが言えるわけではないが、たとえば米軍基地が基地周辺の経済活性化を阻害する地域もある。そして、基地返還により経済発展が見込まれる場合も少なくない。沖縄、青森、神奈川、東京など、米軍基地のある都道府県で構成される「渉外関係主要都道県知事連絡協議会」が二〇一一年三月に発行した『米軍基地問題の解決に向けて取り組んでいます』には、「基地の存在は、地域の生活環境の整備・保全や産業振興に障害を与える」とされている。

沖縄県が二〇一一年九月に発表した『沖縄の米軍基地問題』によれば、「沖縄の経済発展が、広大な米軍基地によって著しく阻害されている」のであり、「これまで既に返還された本島中南部の基地返還跡地の経済効果は、返還前の一〇数倍から二〇〇倍近くに上り、経済・雇用に大きな影響を与えている」という。いま問題になっている「普天間基地」も、返還されれば基地使用以上の有効な「雇用」と「経済効果」を生み出す可能性が高いと経済学者は指摘する。

外国の例、たとえばフィリピンでも一九九一年九月、上院が基地貸与協定を破棄し、クラーク空軍基地や米海外で最大のスービック海軍基地から米軍を撤去させたさい、アキノ大統領や地域住民は「基地周辺の経済」などを理由に米軍基地の撤退に反対していた。しかし実際に撤退した後、フィリピン政府の主導による開発の結果、スービック海軍基地には九〇〇社を超える海外企業が進出し、国内随一の産業拠点に成長した。クラーク米空軍基地の跡地にも四〇〇社を超える海外企業が進出し、経済発展が期待されている。米軍基地が返還され、米軍部隊が撤退すれば一時的には地域経済が衰退するかもしれない。しかし長期的に見れば、米軍基地の返還により経済効果が期待できる地域も少なくない。

〈米軍が日本に駐留する本当の理由は〉

米軍が日本に駐留する本当の理由、それは以下のチェイニー国防長官の発言に明瞭に現れる。すなわち、「米軍が日本にいるのは、何も日本を守るためではない。日本は、米軍が必要とあれば常に出動できるための前方基地として使用できることである。しかも、日本は米軍駐留費の七五％を負担してくれる。極東に駐留する米海軍は、米国本土から出動するよりも安いコストで配備される」（一九九二年三月五日米下院軍事委員会）。

まず、「米軍の出動基地」として。アメリカ本土から戦場に直接出動するよりも、在日米軍基地から出動したほうが迅速に戦場に行くことができる場合が少なくない。地球儀をみてもほしい。たとえば朝鮮半島や中東諸国に出撃するには、アメリカよりも日本の方がかなり近い。実際、湾岸戦争やアフガン戦争、イラク戦争のさい、アメリカは三沢基地や横須賀基地、嘉手納基地などの在日米軍基地からも出撃した。

「コスト」という観点からは、とりわけ「思いやり予算」の存在が言及されてよい。日本政府から駐留米軍に支払われる「思いやり予算」の額は、最近では約二〇〇〇億円。その内訳たるや、たとえば米軍人のためにバーテンダー七六人、クラブマネージャー二五人、ケーキ飾り付け職人五人、娯楽用ボートオペレーター九人、宴会係マネージャー九人、ゴルフコース整備員四七人の給料が私たちの税金から払われている。アメリカが日本にいる目的は、「米軍部隊の費用の七〇％を日本が負担しているから、米国内よりも日本に駐留させるほうが費用がかからない」（一九九五年、当時のジョセフ・ナイ国防次官発言）ということなのだ。

（飯島滋明）

〈参考文献〉前泊博盛『沖縄と米軍基地』（角川書店、二〇一一年）、林博史『米軍基地の歴史』（吉川弘文館、二〇一二年）

Theme 25

ヘリ墜落事件

●なぜ墜落機を調査しないのか

【ポイント】
米軍受け入れ国は地位協定で米軍の法的地位を規定している。内容に大きな差はないが、その運用は対米外交によって大きく違う。米軍の事件事故への対処にその差がきわだつ。物言わぬ日本の弱さが露出する。

〔事件の経緯〕

米軍の軍用機が国内で墜落したとき、日本は事故を調査できず、裁判する権限もない。機密性が高い米軍用機の事故だから日本政府は手出しできない、と思われがちだが、果たしてそうだろうか。

二〇〇四年八月一三日昼過ぎ。米軍普天間《ふてんま》飛行場（沖縄県宜野湾市《ぎのわんし》）のすぐ横にある沖縄国際大学に海兵隊のＣＨ―53大型輸送ヘリが墜落した。墜落とほぼ同時に迷彩服の米海兵隊員らがフェンスを越えて、大学キャンパスになだれ込んだ。

隊員らは黄色のテープで現場に警戒線を張りめぐらした。大学職員やメディアだけでなく、防衛庁、外務省、警察、宜野湾市など公的機関を一切シャットアウトした。米軍が民間地を〝占領〟した。

地元テレビ局、琉球朝日放送のクルーがいち早く現場に到着、墜落ヘリが直撃した大学ビル内で独占取材した。警報器がけたたましく鳴り響く。黒こげになり、ひしゃげてしまったヘリの機体、その周辺は消化剤の泡が一面を白く染めていた。

突然、カメラの前に若い海兵隊員が現れた。「出て行け」とわめき散らす。記者は「兵士に激しく追い立てられています」と懸命にレポートする。

別のレポーターがカメラの前で撮影準備をしていると、隊員らが帽子をレンズにかぶせ妨害した。

「なぜだ。ここは民間地だ」。レポーターは抵抗するが、その背後から次々と兵士が押し寄せ迷彩色の帽子で幾重にもカメラレンズを覆った。かたわらで様子を眺めていた一般市民に対して、兵士が「事故現場を見てはいけない。あちらを見てなさい」と指示した。

〔原因は何か〕

事故は午後二時二〇分に起きた。第二六五ヘリ中隊のCH—53Dが整備後のテスト飛行を終え、普天間飛行場に帰還する途中の二時一七分ごろ、機体の制御を失った。パイロットは緊急着陸の場所を探し、グラウンドを確認するが、子どもたちがいたため断念。同機は、沖縄国際大学一号館の屋根に激突し、ローターがビルの壁を何度も削りながら落下、炎上した。乗員三人は重傷を負ったが命に別状はなかった。

同機はイラクへ向け移送するための整備点検を終え、試験飛行中に墜落した。米軍が日本政府に提出した報告書によると、テールローターにある部品内のボルトとナットを固定するピンが装着されていなかったのが原因だった。ボルトが外れ、テールローターが吹き飛んだ。

ピン一つを付け忘れた単純ミスだ。当時、イラクへの部隊派遣で整備員はフル稼働で、長時間勤務を強いられていた。事故報告書には過労を訴える整備員の証言が記述された。「三日続けて一七時間勤務だった」「勤務時間は夜勤が一六時間、日勤一四時間。時間通りにヘリを強襲揚陸艦に搭載しようと長時間勤務した」。

イラク戦争に向け普天間飛行場のバックアップ機能はフル回転していたことがうかがえる。戦場と沖縄が直結する。そして大学が海兵隊員に〝占領〟された。その光景はテレビで見た戦時下のイラク市街地を想起させた。

沖縄選出の衆院議員で、当時防衛庁長官政務官だった嘉数《かかず》知賢《ちけん》や宜野湾《ぎのわん》市長の伊波洋一《いはよういち》が現場に駆けつけた。日本政府と地域自治体を代表する彼らも海兵隊の警戒線を越えることはできず、遠巻きにながめるしかなかった。

沖縄県警は大学周辺に第二警戒線を張り交通規制した。民間地に出現した米軍占領地を外側から保護する格好だった。

〈日米地位協定〉

日米地位協定は、事故が起きた現場は日米双方の警察当局が「共同統制する」と規定している。日本にも現場を「統制」する義務があることは明らかだ。だが米国財産の軍用機は米軍が優先管理するという先入観のためか、日本は警察権を行使できなかった。

事故翌日の一四日午前、沖縄県警は墜落事故の現場検証を米側に申し入れた。「まだ危険物がある可能性があり、立ち入らせることはできない」と米側は拒否した。

同日、沖縄県の基地問題担当部局の幹部が、被害状況を把握するため、現場を視察しようとしたが、米軍は立ち入りを拒んだ。沖縄県は外務省沖縄事務所に対し、米軍が現場立ち入りを拒否できる法的根拠を明らかにするよう求めた。同事務所は「問題意識は持っている。協力できるよう努力したい」と述べただけで、「軍事占領」の法的根拠は説明しなかった。

県警は何度となく米側に事故機を調査させるよう申し入れ

●—深い爪痕が残る沖縄国際大学のビル（現在は取り壊され，現場に新築ビルが建った）

た。日本側の要請をよそに米側は大型トレーラーを大学構内に持ち込み、黒こげの機体を持ち去ってしまった。

日本の捜査権を無視したばかりか、米軍は「汚染の恐れがある」として、現場の表土を削り、草木を引き抜き基地内に運び込んだ。

米軍が一方的に事故現場を占拠したのは明らかに協定破りの「やり過ぎ」だった。事故現場の「共同統制」に加えて、日米は犯罪捜査で「相互に援助」するとの規定もある（日米地位協定第一七条六項ａ）。

にもかかわらず事故現場を前にまったく手出しできない日本の司法当局には忸怩《じくじ》たる思いがあったにちがいない。事故後、対米交渉役として沖縄県警に新設された沖縄危機管理官の桐原《きりはら》弘毅《こうき》は沖縄タイムスのインタビューでこう語った。

「現場で米軍の姿が目立ち占拠されているという印象があったかもしれない。現場で包括的な話し合いはあっただろうか、十分だったとは思わない」（二〇〇五年八月一三日）。

本来なら警察は協定や法解釈などはひとまず脇に置いてでも事故現場を確保・保全する責務があった。ところが、桐原が認めるように現場で日米間の「話し合い」がないまま、米軍に大学を占拠された。

ここは主権がぶつかりあう場面で、協定にもとづき現場の共同統制と捜査の相互援助を主張すべきだった。あっさり引き下がったのは、日本のいつものアメリカに対する「遠慮」なのだろうか。

〔ガイドラインの策定〕

翌年の二〇〇五年四月一日、日米両政府は米軍機事故に対処するため、「日本国内における合衆国軍隊の使用する施設・区域外での合衆国軍用航空機事故に関するガイドライン」を策定した。事故機を囲う規制線は日米共同統制し、その外周は日本が統制することを決めた。

ガイドラインは、「共同統制」の細部をつめただけに過ぎない内容だ。はたして新合意は日本の主権国家としての立場を補強することになるのだろうか。

〔イタリアでの事例〕

この問いの答えとして、イタリアが米軍機事故にどう対処したかを紹介したい。

一九九八年二月、イタリアのスキーリゾート地カバレーゼで、低空飛行中の海兵隊電子戦闘機がリフトのケーブルを切断し、ゴンドラに乗っていたスキーヤー二〇人が谷底に落ち全員死亡した。事故機は自力でアビアノ飛行場に帰還。イタリア軍警察が滑走路で待ち受け、同機を差し押さえた。機密満載の電子戦闘機を取り返そうとする米軍とにらみ合いになったが、イタリア軍警察は頑《がん》として譲らなかった。

軍警察は事故機を捜査し、パイロットが飛行記録ビデオを抹消した証拠隠滅を突きつめた。地方検察官は翌日にパイロットを事情聴取した。死亡者二〇人に対する殺人罪でパイロットを起訴した。

しかし、北大西洋条約機構（ＮＡＴＯ）の地位協定は、公務中に起きた事故の第一次裁判権は軍隊派遣国のアメリカにあると規定している。イタリア政府は裁判を自国でおこなう方策を模索したが、国際協定にはばまれ断念せざるを得なかった。

アメリカ本国で開かれた軍法会議は、パイロットが飛行訓練前に渡された地図にケーブルが記されていないことから、事故は不可抗力だったと判定し、無罪判決を言い渡した。他方、証拠隠滅は六ヵ月の禁錮刑だった。

イタリアは裁判を断念したものの、検察は捜査権をきっちり行使した。墜落現場で指をくわえる日本と事故機を独自に捜査できるイタリアとは「主権力」に雲泥の差がある。

〔主権をどう考えるのか〕

事故後、米伊両政府は飛行訓練の運用規定を強化、改善した。米軍は(1)毎日の飛行計画をイタリア側へ提出(2)高度二〇〇〇フィート（約六〇〇メートル）以下の低空飛行訓練を全訓練の二五％以下にする(3)空母艦載機など常駐部隊以外の低空飛行訓練はイタリア側の特別な承認を必要とすることなどを義務づけられた。

イタリア外交はしっかりと結果を出した。日本では普天間飛行場の周辺でいまも事故前と変わらずヘリや戦闘機が住宅地をかすめるように飛んでいる。

日本の捜査当局が事故現場に近づけなかったのは協定など法的問題ではなく、結局は捜査権を自ら封印した自主規制にほかならない。主権を放棄した異常性にも気づかなくなってしまった。それでも日本政府は「負傷者の救護、消化活動、現場警備を含め、適切に対応した」と総括した（平成一六年一一月一二日、政府答弁書）。

日米地位協定もイタリアを含むＮＡＴＯ地位協定も大筋は同じだ。イタリアのような「普通の国」ではないことが、日本の弱さだと指摘されるが、「普通」になるには憲法問題を避けて通れないため、リアリストだけでなく平和主義者にとっても実に重いテーマだ。この議論を避けつづける日本は沖縄基地問題にまともに向き合えないでいる。（屋良朝博）

〈参考文献〉「米伊基地使用協定」*MEMMORANDUM OF UNDERSTANDING BETWEEN THE MINISTRY OF DEFENSE OF THE REPUBLIC OF ITARY AND THE DEPARTMENT OF DEFENSE OF THE UNITED STATE OF AMERICA CONCERNIG USE OF INSTALATION/INFRASTRUCTURE BY U.S. FORCE IN ITARY*（一九九五年二月二日　ローマ）、沖縄タイムス社・神奈川新聞社　戦後六〇年共同企画「安保の現場から・米軍再編を追う」（第四部・基地と住民、二〇〇五年七月五日）

◉コラム 米軍の戦力分析③

第5空軍

簡単に言えば、日本列島を拠点とする米空軍のことである。司令部は横田基地（東京都）に置かれ、第五空軍の司令官（中将）は在日米軍司令官を兼ねる。つまり、在日米軍の中で戦略的に最も重要性が高い戦力と言うことができるだろう。言い換えれば「前方展開能力」の中核なのである。項目㉓「一九七〇から八〇年代の基地の変化」で紹介したように、冷戦時代の第五空軍はとりもなおさず、ソ連・中国に対する核攻撃部隊であった。

冷戦崩壊後の現在は太平洋進出を図る中国と、ミサイルと核を両手に瀬戸際外交を貫く北朝鮮を主な目標に位置付け、有事のさいには出撃拠点となる。その南北の拠点こそが、嘉手納基地（沖縄県）であり、北端の三沢基地（青森県）である。嘉手納の第一八航空団は戦闘機F—15イーグル（五〇機）を主力に、空中給油機KC—135（一五機）や、空飛ぶレーダーサイトと呼ばれるE—3AWACS（二機）、救難・哨戒ヘリコプターSH—60などさまざまな機種をそろえた米空軍最大の航空団でもある。

それゆえ嘉手納を前にすると、その巨大さや数の多さに圧倒されるが、見逃してはならないのは「中継ポイント」という基地の特性だ。つまり、有事のさいには米本土などから多数の攻撃部隊が駆けつけ、嘉手納からアジア各地に出撃するという構図だ。だからこそ、自身では攻撃機を持たず、自前のF—15は基地防空と攻撃機の護衛に徹する。空のタンカーである空中給油機が多数配備されているのも、来援した攻撃機の行動範囲を広げるためにほかならない。

いっぽう、三沢基地の第三五戦闘航空団は地上攻撃に特化した部隊といえる。配備する戦闘機F—16ファイティング・ファルコン（四〇機）は太平洋軍で唯一の敵防空網制圧（SEAD）部隊であり、全軍の露払い役を務める。GPS爆弾を使った精密爆撃にも特化しており、北朝鮮の虎の子であるミサイル発射施設や核施設をターゲットに定めているとされる。

注目すべきは、嘉手納の第一八航空団と三沢の第三五戦闘航空団は航空遠征軍（AEF）に組み込まれるという点だ。航空遠征軍とは、米空軍が世界各地に展開する戦闘機や攻撃機などを柔軟に組み合わせて編成する三〇機ほどの緊急展開部隊のことだ。

世界最大の火薬庫である中東には湾岸戦争以降、恒常的に派遣され、その状態は今もつづいている。特に三沢のF—16戦闘機は常連ともいえる存在で、部隊が抱える四〇機のうち一〇機前後を投入しつづけている。イラク、アフガニスタンでは地上部隊の近接支援任務（地上攻撃）に当たっており、戦塵にまみれた部隊と言えよう。

（斉藤光政）

Theme 26

米軍再編と日米同盟

●日米の一元化は何をもたらすのか

【ポイント】
米軍再編の目的と日米同盟の性格を端的に現しているのが、日米一体化の象徴ともいえるミサイル防衛である。米軍は密かに、そして着実に日本列島を北朝鮮・中国に対するミサイル防衛の一大拠点に仕立てあげ、自衛隊をそのシステムの中に組み込んだ。

〔もう一つの米軍再編〕

二一世紀に入り、「日米安保」とは言わずに「日米同盟」という言い方が一般的になっている。米軍はいったいどのように変わりつつあるのだろうか。行き先がないまま固定化が進もうとしている米軍普天間《ふてんま》飛行場。沖縄の腹部に深く突き刺さったとげのようなこの移転問題が象徴するのは、米軍再編計画の見事なまでの挫折である。しかし、その陰で着々と実行に移されている「もう一つの米軍再編」がある。ミサイル防衛（MD）だ。米軍再編は主役であるはずの沖縄を置き去りにしたまま、ミサイル防衛を軸に自衛隊と米軍の一体化、ひいては日米融合に向かって突き進んでいるのである。

その先に待っているのは、米国が二一世紀の脅威ととらえるテロ、そして最大のライバルである中国に対する日本列島の支援拠点化、防衛拠点化にほかならない。日米同盟は日本国民が望むと望まざるとにかかわらず、いつのまにか米国の巨大軍事システムに組み込まれ、米国が「仮想敵」と称するものとの対峙を迫られているのである。

それは、米軍三沢基地所属のF―16戦闘機によるアフガニスタン秘密爆撃（二〇〇七年）や、日米同盟史上最大のオペレーションだった「トモダチ作戦」（二〇一一年）、さらには北朝鮮の長距離弾道ミサイル迎撃（二〇一二年）といった形を取って現れる。「世界で最も重要な二国間関係」と称される日米同盟は深化の一途をたどっており、その姿は日米安保の世界同盟化にも映る。すなわち、日本の米国化である。

〔ミサイル防衛の最前線〕

二〇一二年四月。北朝鮮が世界の制止を振り切って踏み切った長距離弾道ミサイルの発射実験は失敗に終わった。発射まもなく爆発してしまったのだ。朝鮮半島近くでは、日米のイージス艦が待機していたが、それよりはるか遠くから、じっと成り行きを見つめる米軍の「最前線の目」と「最前線の頭脳」があったことを忘れてはいけない。

それは、移動式早期警戒システム「Xバンドレーダー」と、情報処理システム「JTAGS（統合戦術地上ステーション）」である。Xバンドレーダーは青森県津軽《つがる》半島の日本海側にある米陸軍車力通信所、JTAGSは米軍三沢基地に置かれ、弾道ミサイルの追跡とともに飛行コースや着弾予想位置の分析を主要任務にしている。

この二つの最新システムが配備されたのは二〇〇六年から〇七年にかけてだが、セットで置かれているのは世界の中でもこの地だけ。その理由は明白だ。北朝鮮に近く、三沢という強力な支援基地を持っていたから。いつしか、本州北端にミサイル防衛の一大拠点が出来上がっていたのである。それは、そのまま米本土防衛の第一線であることを示した。その現実について、AP通信は次のように配信した。

世界で四基しかないJTAGS（筆者注：Xバンドレーダーについては青森が初の海外配備）の一つが、はるか遠い北日本の雪の地に設置されている。確かに、それは印象的な光景ではない。でも最前線なのだ（二〇〇八年）

もちろん、ここで言う「最前線」とは北朝鮮に対してであり、中距離核戦力で日本と米軍の軍事拠点であるハワイ、グアムをにらむ中国に対してであることは想像に難くない。

そんな米国に歩調を合わせるように日本もミサイル防衛に着手。二〇一二年度までに国産の新型早期警戒レーダーFPS―5を大湊《おおみなと》（青森県）、佐渡《さど》（新潟県）、下甑島《しもこしきじま》（鹿児島県）、与座《ゆざ》岳（沖縄県）の四ヵ所に設置する一方、地上発射型の迎撃ミサイル（PAC―3）の配備と、イージス艦搭載の迎撃ミサイル（SM―3）の新タイプ開発を進めている。

これらの費用総額は一兆円を優に超える。世を挙げての緊縮財政の中、求められるのは費用対効果だ。簡単に言えば日米のミサイル防衛システムは「当たるのか」だ。米政府系シンクタンクの研究者は匿名を条件に次のように説明する。

確かに、その有効性ははっきりしない。システム全体の命中率は五〇%かもしれないし、もしかしたら二〇%以下かもしれない。PAC―3にしろSM―3にしろ、どうみても北朝鮮の弾道ミサイルを実戦で迎撃できる性能に達していないのだ。こんなものに、日本政府が一兆円もそそぎ込むことは納税者への背信行為とすらいえるのではないか

二〇一二年四月に北朝鮮が発射した弾道ミサイルは高度一五〇キロで爆発した。発射二分後のことだった。しかし、それを自衛隊のミサイル防衛システムは探知できなかったという。発射直後にキャッチできるから着弾地点を早期に割り

出せ、効果的な迎撃ができる――。そう掲げた自衛隊の看板に偽りがあったということだろう。

なによりミサイル防衛で注意しなくてはいけないのは、日米の情報に境がないという点だ。米軍のXバンドレーダーと自衛隊のFPS―5のデータは米軍横田基地内の共同統合運用調整所に送られて一元化され、日米の迎撃ミサイルに対して発射命令が下される。ここにあるのは、米軍再編が目指した日米一体化の先取りである。もちろん、集団的自衛権の行使という法的問題が残るのは言うまでもない。

〈グローバル・ストライク〉

「グローバル・ストライク」。日本語で「長距離先制攻撃」と訳すであろう、この耳慣れない言葉を目にしたのは二〇〇八年のことだ。手に入れた米軍の資料にそう書かれていた。そして、読み進むうちに、その秘密作戦の実態を知り驚いた。

イラクとアフガニスタン東端を結ぶ往復六七〇〇キロもの距離を、F―16戦闘機四機が一気に駆け抜け、しかも夜間に精密爆撃をおこなうという離れ業を演じたというのだ。

目標は米国がテロの温床と位置付ける武装勢力タリバンの拠点で、実行に移されたのは二〇〇七年八月。さらに驚かされたのは、その四機が米航空遠征軍（AEF）としてバクダッド郊外に派遣されていた第三五戦闘航空団（三沢基地）の所属機だったという事実だ。

航空遠征軍とは、米空軍が世界各地に展開する戦闘機や爆撃機などを柔軟に組み合わせて編成する緊急展開部隊のことだ。世界最大の火薬庫である中東には一九九一年の湾岸戦争以降、恒常的に派遣され、イラクにはフセイン政権崩壊後もそのまま展開していた。

その中核となっていたのが三沢の第三五戦闘航空団で、部隊が擁する四〇機のうち一〇機程度を派遣し続けていた。なぜ三沢だったのか？　それは太平洋軍の中で唯一のSEAD（防空網制圧）部隊で全軍の一番槍《やり》だからだ。イラク戦争（二〇〇三年）でバクダッド空爆一番乗りを果たしたのが三沢のF―16といえば、その位置付けがよくわかるだろう。

注目すべきは、筆者がこの秘密爆撃を二〇〇八年に暴くまで、三沢基地を抱える日本国民自身がまったく知らなかったということ。言うまでもなく、在日米軍基地は年間約二〇〇〇億円に上る思いやり予算などによって維持されている。それにもかかわらず、アフガニスタンでの戦略的なゲリラ掃討作戦に日本が間接的にかかわっているという事実から、日本国民が意図的に遠ざけられていたのである。

グローバル・ストライクのコンセプトは「世界のどこでも

二四時間以内に攻撃できる態勢を整える」ことにある。アフガニスタン秘密爆撃はその試みの一つだった。そして、米国が世界を見据えて新たに打ち出したこの戦略を後方からしっかり支えているのが、まぎれもなく同盟国の日本だという事実をわれわれは認識する必要がある。

日米同盟の転機

「日米同盟を今後、最大限に活用していくべきだと思う」

二〇一二年一月、太平洋軍司令部（ハワイ）で司令官のロバート・ウィラード大将（当時）はそう語った。その直前、オバマ大統領は新国防戦略の中でアジア回帰を明らかにしていた。米空母を中国近海に近づけないという「接近阻止戦略」を掲げ、東シナ海と南シナ海の聖域化を狙う中国への強烈な回答だった。ウィラード司令官の発言はそれを踏まえたもので、日本列島を中国への防衛線にしたいとの考えの表れと受け止めることができる。

●グローバル・ストライク戦略によって在日米軍基地は後方拠点に組み込まれている（写真はアフガニスタン秘密爆撃をおこなった米軍三沢基地のF-16戦闘機）

その意味では、東日本大震災にともなって、日米が合わせて一二万人もの兵力を動員し展開した「トモダチ作戦」（二〇一一年）は中国への効果的なデモンストレーションと言うことができた。名前さえ変えれば、そのまま有事の日米共同作戦に転用できたからだ。トモダチ作戦から二年近くがたとうとしている今、軍事専門家の見方は一致している。

トモダチ作戦は震災支援を掲げた日米共同作戦にほかならなかった。つまり、中国による在日米軍基地攻撃という有事に備えた対抗作戦だった側面を否定できない。米国のアジア回帰で日本の重要性が増している。そんな今だからこそ、日米同盟を再考する好機ととらえるべきだろう。冷戦以来続く米日の主従関係を変える時期にきている。

（斉藤光政）

〈参考文献〉斉藤光政『在日米軍最前線』（新人物往来社、二〇〇八年）、鎌田慧・斉藤光政『ルポ下北核半島』（岩波書店、二〇一一年）

Theme 27

●なぜ議論をしないのか

沖縄の米軍基地の現状

【ポイント】
国民は原発事故で日本の原子力政策を議論するようになったが、総理大臣が首になった米軍普天間飛行場問題で安保政策は語られない。いまも厚いベールに包まれている。

〈議論の中身〉

沖縄基地問題は政権を揺るがすほど重要課題だと言われるが、中身の論議は十分だろうか。マスメディアは「普天間《ふてんま》飛行場問題」を大量に報じたが、滑走路の長さや移設場所といった報道ばかりが目立つ。なぜ沖縄に基地が集中するのか、国内の別の地域に移せないのか。大事なことはほとんど論議されない。

〈七割を占める海兵隊〉

米陸海空軍、海兵隊の米軍を構成する四軍すべてが沖縄に基地を構える。極東最大の空軍嘉手納《かでな》基地、特殊作戦部隊グリーンベレーがいる陸軍トリイ基地、海軍のホワイトビーチ。なかでも最大兵力の米海兵隊は、普天間を含め沖縄にある米軍基地の七割を占有する。このため基地問題の多くが海兵隊駐留に起因している。

アジア太平洋地域に展開する米軍約一〇万人のうち海兵隊は、第三海兵遠征軍の司令部を含め約一万八〇〇〇人を沖縄に置き、その隷下に山口県岩国《いわくに》基地の約三〇〇〇人、ハワイの約六〇〇〇人を配置している。米軍再編見直しによる新配備計画で、オーストラリアにローテーション配備する方針で、二〇一四年に一〇〇〇人、一六年に二五〇〇人を展開させる予定だ。グアムでの基地建設に加え、海兵隊は沖縄以外にアジア太平洋地域で足場を広げつつある。なお、アジア太平洋地域の米軍の内訳は、日本約三万六〇〇〇人（うち沖縄二万五〇〇〇人）、韓国約二万五〇〇〇人、ハワイ四万人、艦船で洋上展開一万人。オーストラリア一八〇人、フィリピン一七〇人、タイ一二〇人、シンガポール一六〇人となっている。

海兵隊は海軍の下部組織で、予算は海軍省から割り当てられる。総兵力一七万人は米軍全体（一四〇万人）の中では最小で、その役割も限定的だ。海軍の輸送船で移動し、海浜から攻め上がる強襲上陸をお家芸としている。水際を生息地とする「アンフィビアス・フォース（水陸両用軍）」。強襲上陸の肉弾戦に備え、過酷な訓練を重ねる最強の戦闘集団だが、精密兵器が多く使われる近代戦では伝統技を披露する機会がない。一九五〇年九月の朝鮮戦争中の仁川《インチョン》上陸を最後に大規模な上陸作戦をおこなっていない。

イラクやアフガニスタンではもっぱら陸上任務で、「陸軍と何が違う?」との疑問がつきまとう。沖縄に配備されている海兵隊についてもその実態はあまり知られていない。

〈明らかにされない兵員数〉

まず沖縄に何人配置されているのかさえ正式な数字は公表されない。アメリカ側は出入りが激しくて確定数を出すのは難しいと説明する。日本政府は国会答弁で沖縄県がアメリカ側に問い合わせた数字を引用する有様だ。

日米両政府は約一万八〇〇〇人を沖縄駐留の海兵隊隊員数の「定数」としているが、これにも疑問符が付く。米国防総省のホームページによると、日本全体で海兵隊は約一万五〇〇〇人とある。元の数があいまいなため米軍再編が実際にどれほどの兵力削減につながるのか不透明で検証のしようがない。

いずれにせよ兵力がいくらあっても、それを運べなくては軍隊として役に立たない。沖縄の海兵隊を運ぶ船は長崎県佐世保基地を母港とする強襲揚陸艦隊《きゅうしゅうようりくかんたい》（ヘリ空母など四隻編成）だ。移送できる兵力はそれほど多くはなく、二一三〇〇〇人にとどまる。

この規模の編成は海兵遠征隊（ＭＥＵ＝二二〇〇人）と呼ばれ、主な任務は戦闘地に取り残された民間人救出（ＮＥＯ）、洋上での臨検など海賊対策、大地震や津波災害の救難救急支援活動、同盟国との軍事演習などだ。東日本大震災のときにも沖縄の第三一海兵遠征隊（31ＭＥＵ）が「トモダチ作戦」に参加した。

国家間の大規模な紛争には海兵遠征旅団（ＭＥＢ＝一万五〇〇〇人）や海兵遠征軍（ＭＥＦ＝約四万人）が米本国から出動する。沖縄の海兵隊はＭＥＵを編成する規模の兵力配備で、その任務も前述の通り限定的だ。

もっぱら佐世保の船で豪州やフィリピン、タイなどの同盟国を巡り、合同で軍事訓練や救難援助訓練を実施している。同盟国間の信頼関係を醸成する軍事外交がアジア全体の安全保障に重要だ、と海兵隊はアピールする。

オバマ政権が提唱するスマートパワーの代表的な働きを沖縄の海兵隊はになっている。ところが日本では中国などに対抗する戦力というあやまった認識がある。メディアが海兵隊の実態を分析せず、正しい情報が国民に伝わらないため、多くの誤解が野放しにされている。

そもそもアジア太平洋を舞台に動き回る海兵隊は沖縄を留守にすることが多い。魔除けの獅子「シーサー」のように沖縄から日本の安全を見守ってくれている、というのは勝手な思い込みだ。

普天間の移設問題で、「最低でも県外へ」と主張したため総理大臣の職を追われた鳩山由紀夫《はとやまゆきお》元首相が、徳之島《とくのしま》などの候補地探しに躍起だった二〇一〇年春ごろ、沖縄の海兵隊基地はもぬけの殻だった。

二月にタイで毎年実施する共同軍事演習「コブラ・ゴールド」に出向き、そのまま三月にフィリピンで演習「バリカタン」に参加、四月にはグアムへ移動し訓練をおこなうなど長い期間出ずっぱりだった。徳之島では基地移設に反対する住民大会が開かれるなどしたが、当事者であるはずの海兵隊はこうした基地問題に対する住民運動に気づいていただろうか。対米関係がぎくしゃくしたことで主要メディアは「アメリカが怒っているぞ」と発足したばかりの民主党政権を責め立てた。国家的な難問である普天間飛行場の機能、海兵隊の実態を検証したメディアはなかった。

普天間にはCH―46中型ヘリ中隊が二個（計二四機）とCH―53（五機）などが配備されている。C―130空中給油兼輸送機がおよそ一二機あるが山口県岩国《いわくに》基地に移転が決まっているため、普天間の主要な機能は輸送ヘリ二七機だ。これは31MEUに配属された飛行隊で、佐世保の艦船に搭載される。

鳩山元首相が「学べば学ぶほど抑止力」と苦し紛れに語り、本土移転を断念したころ、普天間には海兵隊の主要な輸送ヘリはたったの四機しか駐機していなかった（宜野湾市調査）。それを首相が抑止力と位置づける議論はどうにもちぐはぐだ。

〔海兵隊とヘリ部隊をセットで〕

日米両政府とも沖縄の負担を軽減しようという大目標は一致している。アジア太平洋地域に展開する米軍兵力の二五％もが小さな沖縄島に集中する異常な状態をどう変えていくかが「沖縄の負担軽減」であるはずだ。日本政府が米側に兵力削減を求めない限り、沖縄の負担軽減は最大兵力である海兵隊の本土移転を模索するしか道はない。

鳩山元首相の試みが論理性を欠いたのは、航空部隊だけを移そうとしたからだ。地上兵力を動かす「足」となるヘリ部隊だけを切り離すと海兵隊は機能不全をきたす。海兵隊全体をワンセットで沖縄から本土へ持っていけばいい。しかし海兵隊を受入れる地域がない。
政府は「抑止力を維持するため、沖縄の海兵隊は重要だ」と力説する。この言葉のトリックは、沖縄に駐留する海兵隊が重要であって、それが沖縄に駐留しなければならない、との意味ではないことだ。

●—太平洋における海兵隊のローテーション展開（沖縄に滞留するのではなく，輸送船で西太平洋を巡回しているので，沖縄は留守が多い．太平洋海兵隊司令部オフィシャルサイトより．和訳は筆者）

抑止論に併せて政府は沖縄の地理的優位性をしきりにアピールするが、海兵隊を動かす強襲揚陸艦隊は佐世保を母港としているという事実を指摘するだけで、その主張は偽りだと分かる。朝鮮半島で何か起きたとき、佐世保の船が沖縄で海兵隊員と物資を拾い、再び北上する。あるいは米本国から調達する大型輸送機を待たなければならない。この配置なら海兵隊の駐留は沖縄より九州が好都合だ。

距離を測ってみると、福岡—平壌《ピョンヤン》間が七三〇キロ、福岡—台湾間一二七〇キロで合計は約二〇〇〇キロ。沖縄と両地点との距離の合計二〇五一キロだから、福岡の方が沖縄より「地理的優位」となる。九州を起点にした場合でも海兵隊にとっては日常業務、緊急事態対応のいずれも何ら支障なく実施できる。

〔問題の実相〕

もちろん政府はそのことを知っている。鳩山元首相が公約を反故《ほご》にして普天間移設先を従来案の名護市辺野古と決めた二〇一〇年五月、「普天間だけでなく海兵隊全体を本土へ移転するのは可能だが、現実的に不可能だ」と釈明した。現実とは何だろうか。

岡田克也は一一年二月の民主党幹事長時代に記者会見でこう発言した。「海兵隊が抑止力として重要であるという言い方をしてきたつもりで、沖縄と特定せずに言ってきた。しかし、現実に沖縄以外に受けるところはない。沖縄の皆さんにお願いをせざるを得ない」。

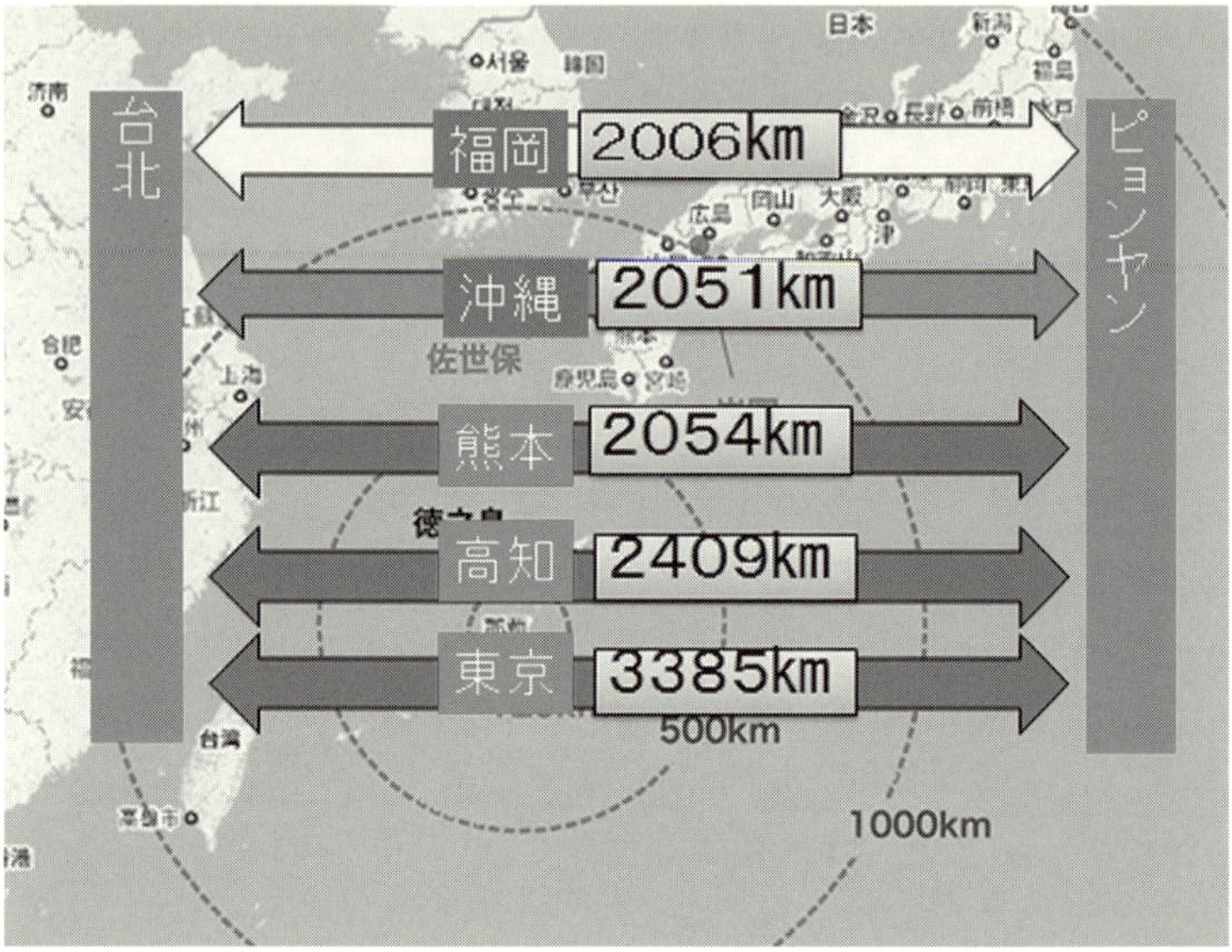

●—朝鮮・台湾との距離（沖縄の地理的優位性のウソ．沖縄駐留の理由である不安定要因とされる朝鮮半島と台湾海峡の距離の合計で福岡が沖縄より地理的に優位．筆者作成）

つまり海兵隊の配置先はどこでもいいということだ。問題は本土では受け入れ先を探せないため、嫌がる沖縄に押しつける。この歪んだ構図が沖縄基地問題の実相だ。

日米基軸を連呼し、安保・防衛族を自負する保守系国会議員さえも自らの選挙区で安保の負担（米軍基地）を引き受けることはしない。そんな主張をしたら選挙で必ず落選する。政府にとっても議論が深まらないほど好都合なのだろう。これが長年解決しない沖縄問題の実相だ。

（屋良朝博）

〈参考文献〉
米国防総省配置先別兵力統計二〇一一年一二月三〇日現在。
Department of Defense ACTIVE DUTY MILITARY PERSONNEL STRENGTHS BY REGIONAL AREA AND BY COUNTRY (309A) DECEMBER 31, 2011

◉コラム
自衛隊の戦力分析

二〇一二年一月に内閣府がおこなった国民の意識調査は興味深かった。「自衛隊の存在目的は？」との問いに対して、最も多かった回答が「災害派遣」だったからだ。自衛隊の主任務である「外国からの侵略防止」は二番目、以下「国際平和協力活動」……などとつづく。

未曾有の被害をもたらした東日本大震災の記憶が生々しい時期のアンケートだけに当たり前か、などと思っていたら、さにあらず。3・11以前の各種の世論調査を見てみても、トップを「災害派遣」や「民生協力」が占めている。つまり、国民が求めている自衛隊像は「現場ではたらき」「人を救う」頼もしい組織なのだ。

しかし、自衛隊にとっては戦うことこそが主目的であり、救うことは付随的任務とみなされる。外敵に立ち向かうことが優先される戦闘組織にとって災害派遣はサービス任務ということだ。国民の需要とのミスマッチ、それこそが自衛隊が抱える根本的問題といえる。

そんな自衛隊の陣容はというと、陸上自衛隊一五万人、海上自衛隊四万人、航空自衛隊四万人、航空機七〇〇機、艦艇二〇〇隻。アジアでトップクラスの戦力を誇るが、今この組織が大きく変貌を遂げようとしている。残念ながら、それは災害派遣ではなく「動的防衛力構想」。簡単に言うと、二一世紀の超大国を目指す中国を見据えた南西重視戦略で、有事のさいに東日本の部隊を九州以西、中でも沖縄方面にシフトすることで島々を守ることが狙いだ。

それは二〇一一年一一月、北海道の地で具体的な形となって現れた。陸上自衛隊東千歳駐屯地（千歳市）の九〇式戦車など二〇両が地響きを立てて出動したのだ。行き先ははるか大分県の演習場。民間フェリーを使った過去最大の「協同転地演習」だったが、ねらいは中国の牽制。日本最強の戦闘部隊を西日本の前線まで迅速に運ぶことができるというデモンストレーションにほかならなかった。

動的防衛力構想は、二〇一〇年末の新防衛大綱で打ち出されたものだが、じつに三四年ぶりの基本戦略の変更である。部隊を北から南へ大きくスイングするように移動させるには、身軽にしなくてはいけない。そのため、重装備の代名詞である火砲を四〇〇門、戦車を四〇〇両にまで減らすことにしている。ソ連を仮想敵国に北方重視戦略をとっていた一九七〇年代に比べて、火砲で半分以下、戦車にいたっては三分の一まで減るのである。

削られた予算は、強化が進む中国艦隊に備え、潜水艦やイージス艦、空母型の護衛艦建造に振り向けられる。陸上が泣き、海上が笑う……。そんな自衛隊の構図が見えてくる。

（斉藤光政）

Theme 28

●世界の中で何をしているのか

発進基地としての沖縄

【ポイント】
米軍基地の機能は、アメリカがすすめる戦争、想定された戦闘作戦、備えるべき戦争や危機への対処によって、変化してきた。戦術核を想定した限定戦争、ゲリラ戦、低強度紛争などを目的とし、現在はまさに発進基地としての側面が強くなっている。

〔対日戦争から一九五〇年代半ばまで〕

9・11以降、米軍は対テロの戦争をスローガンに再編を進め、役割を変化させている。それでは、沖縄にいる米軍はどのような機能を果たしてきたのか、太平洋戦争期からふりかえってみたい。

沖縄戦のはじまる前に、日本軍は沖縄におおくの飛行場を建設した。それらの一部が、現在米軍が使う嘉手納《かでな》基地、伊《い》江《え》島の飛行場であり、自衛隊機と民間機が離発着する那覇《なは》飛行場などである。日本軍は、サイパン陥落（一九四四年六月から七月）後に予想された九州、南西諸島、台湾での航空戦を想定して、飛行場建設を進めた。沖縄本島だけでなく宮古《みやこ》島、石垣《いしがき》島で、それぞれの住民の協力をえて建設が進められた。制空権を米軍に握られた一九四五年初頭以降、これらの飛行場を離発着する日本軍機は減少するいっぽうで、偽装を施して米軍の諜報を攪乱しようとし、米軍上陸直前に飛行場は事実上放棄された。

米軍は上陸後、これらの飛行場を急遽、整備して、九州以北の日本爆撃の出撃基地に変貌させた。また、爆撃機を援護する戦闘機のための新たな飛行場（ボーロ・ポイント飛行場と命名）を、読谷《よみたん》村残波《ざんぱ》岬に建設した。さらに、もともとあった村落を破壊して、普天間《ふてんま》飛行場を建設した。いくつもの飛行場を軸にして沖縄が日本侵攻のため米軍の拠点となった。また、地上戦に投入された陸軍や海兵隊も、日本上陸に備えていた。ちなみに、伊江島の飛行場は、日本降伏直後に米軍の日本進駐にための事前打ち合わせのために、日本軍の特使がフィリピンに往復するさいに利用された。また、同飛行場は、フィリピンからマッカーサー連合国総司令官が厚木飛行場へ向かうさいに、給油と休憩のために立ち寄った。アメリカの予想を覆して日本が無条件降伏を受けいれたため、日本侵攻作戦は不要となった。また、沖縄戦に投入された第二四軍団（ジョン・ホッジ中将）が日本の降伏直後の九月八日、仁川《インチョン》に上陸し、ソウルへ進駐をすすめ、総督府にかわって朝鮮南部の占領を開始した。

朝鮮戦争時の沖縄基地は、朝鮮半島爆撃への出撃拠点となった。それ以来、航空機の性能からすると米空軍は、韓国と沖縄、日本との間で一体として作戦計画の下で訓練や警戒などの活動を続けてきた。沖縄の米軍は、対日戦争から、朝鮮戦争戦後そして一九五〇年代半ばまでは、朝鮮半島を中心として台湾を含む北東アジアでの紛争に対応する基地として位置づけられていた。

〔核戦争の最前線〕

第二次世界大戦と朝鮮戦争をへて、米国内では戦時から平時への転換が求められ、政権にとって肥大した国防予算の削減をおこないながら超大国としての軍事力を維持することが課題とされた。戦争を進めてきたローズベルトおよびトルーマン民主党政権に代わり、一九五三年一月、共和党のアイゼンハワー政権が誕生した。大統領になったのは、第二次世界大戦のヨーロッパ戦線で連合国を勝利へ導いたドワイド・D・アイゼンハワー元帥であった。軍隊で培った卓越する管理・統率能力をつかって新しい戦略を採用した。それが核兵器による大量報復を中心概念とした「ニュールック戦略」であった。そして、冷戦のその後の展開で対ソ戦略の基本となる、核抑止、前方展開、同盟国重視の国防政策を進めた。

広島や長崎での核爆弾投下の結果、軍事的にみると、核兵器は破壊力が巨大なあまり戦争での使用は困難だとの評価を生んでいた。アメリカは、実際に戦場に持ち込める核兵器によって敵を効果的に圧倒できる核抑止へと傾斜していた。そのため、核兵器による抑止力として、いっぽうで核爆弾を搭載して敵地へ侵入して、上空から投下できる大型爆撃機の拡充を急いだ。他方で、大砲や戦車からも核弾頭を発射できる原子砲、核弾頭を搭載してジェット推進の有翼ミサイルなどの戦術兵器の開発・配備が進められた。とくに、戦術核兵器が従来の通常兵器に取って代わって破壊力の点で能力強化となり、それに対応して米兵の削減が可能となった。

これらの戦術核兵器は、沖縄、日本、韓国へ配備された。日本では核被爆の記憶が生々しく核兵器配備に反対する世論が強まり、沖縄と韓国へ移された。沖縄には、当時の最新鋭中距離ミサイル（ソアー）、核弾頭装備の防空ミサイル（ナイキ・ハーキュリーズ）、核爆弾搭載の戦闘爆撃機（F—105）などが配備された。

前方展開基地としての沖縄が、登場したのは、この時期である。アイゼンハワー政権は、朝鮮戦争の休戦により必要な最小限の地上兵力を韓国に残して、日本を含む北東アジアから地上兵力の大幅撤退をおこなった。その代わりに「戦略予備」として米海兵隊（第三海兵師団全部と第一海兵航空団の一部）が、一九五五年から順次、沖縄へ配備された。

この海兵師団は、朝鮮半島に投入される予定で日本に駐留していたが、地上兵力の全面（韓国を除く）撤退計画のなかで、唯一残された。当時の沖縄では、米陸軍と米空軍の基地が占めていた。海兵隊は、陸軍の使用していない基地や演習場と空軍の補助飛行場だった普天間基地へ移駐し、そして新たに沖縄本島北部に基地（現在のキャンプ・シュワブ）を建設し、沖縄から北東アジアだけでなく台湾海峡への危機対応の任務についた。

同じく「戦略予備」として米陸軍の第一七三空挺旅団が、一九六三年に沖縄に配備された。この陸軍部隊は、機動性を重視した装備をもつ即応部隊と位置づけられていた。台湾での訓練をおこない、台湾海峡や東南アジアへ展開する任務を持っていた。ベトナムへのアメリカの本格介入にさいして最初に派遣されたのは、沖縄配備の第三海兵師団（一九六五年二月）と第一七三空挺旅団（一九六五年五月）であった。

米地上兵力の日本からの撤退によりこれらの米軍基地の多くが、一九五七年から一九五八年にかけて、日本防衛を担当する自衛隊へ引き継がれた。また、はじめて防衛力整備計画を一九五八年度から実施して、有効な軍事力整備を開始した。現在ある自衛隊基地は、ほぼこの時期に出来上がったといえる。アメリカの同盟国としての日本が軍事的な活動に着手していった。

●―第3海兵師団を視察するワトソン高等弁務官（1964年8月，沖縄県公文書館提供）

〔ゲリラ戦から緊急展開能力まで〕

アメリカの本格的介入のもとでのベトナム戦争（一九六五年—一九七三年）の期間中における沖縄の基地は、集結基地、出撃基地、中継基地、訓練基地、通信基地、医療基地、休養とレクレーション基地、兵站基地など、あらゆる機能を果した。陸軍、海兵隊の地上兵力の大半は、ベトナム派遣以前に、沖縄に送られて、沖縄北部の訓練場にてジャングル訓練、サバイバル訓練を受けた。米軍は、沖縄以外に適切なジャングル訓練場をもっていなかったためだった。現在でも、米軍のジャングル訓練は沖縄でおこなわれている。

ベトナムからの撤退を掲げたリチャード・M・ニクソンが、一九六九年一月に大統領に就任した。そして、同年七月二五日、グアムでニクソンは同盟国に対し自国防衛の第一義的責任を持つのだと明言（「グアム・ドクトリン」と呼ばれる）し、米軍撤退を進めると同時にベトナムの戦争（つまりベトナム化）へと転換を図った。最初の撤退部隊は、第三海兵師団の一部であった。順次、海兵隊は沖縄へ戻ってきた。海兵隊の兵員は、沖縄配備以来、増強され一九六四年に一万七〇〇〇名となったが、ベトナム派遣後の一九六七年には一万名へ減少した。ベトナムからの撤退が進むにつれ、以前の一万六〇〇〇名ないし一万七〇〇〇名まで戻り、一九七三年には一万八〇〇〇名へ増大した。その後、冷戦のおわりがはじまった一九九〇年まで、二万名の海兵隊員が沖縄に常駐していた。

ベトナム戦中に機能が強化されたことに加えて、新たな兵員を迎え入れる施設の建設が必要となった。基地の施設建設には、海兵隊だけでなく沖縄の米空軍基地や日本にある米軍基地が対象となった。これらの費用として、沖縄返還にさいして日本政府が支払いを約束した六五〇〇万ドルを超えて、日本政府は既存施設の改善（建て替えや移設）の名目で米軍基地の再編・再配置計画への財政支援をおこなった。米軍基地の再編によって土地の返還があることを根拠とした日本政府の財政支援であったが、返還の予定がなくなると米軍への財政支援の根拠が揺らいだ。その後の財政支援は、「思いやり」という説明がおこなわれ、「思いやり予算」として呼ばれるようになった。

こうした日本政府の財政支援は、アメリカの同盟国として責任分担を果たすものとなった。同時に、日本は防衛計画大綱を立て、自主的に防衛力整備を進めていく。日本防衛に関しては独自の整備を進めた。とりわけ海上自衛隊は米海軍との連携を深め、艦隊護衛を日米の合同訓練をおこなうと同時に、米海軍を通じた環太平洋軍事演習（ＲＩＭＰＡＣ）へ参加するようなり、米軍との補完的役割を任務とするようになった。日本の防空責任を航空自衛隊は、戦闘訓練の一環として米空軍との合同訓練をおこなった。つづいて、陸上自衛隊は、国内演習場にて米陸軍や米海兵隊の訓練をはじめた。

〔常駐から世界展開へ〕

補完的任務へと自衛隊が重点を移してくると、米軍は沖縄や日本の米軍基地から、北東アジアや東南アジアを越えてインド洋、アラビア海への展開に準備を進めていく。中東への米軍派遣は、一九九〇年八月二日のイラクのクウェート侵攻に対抗しておこなわれた湾岸戦争であった。横須賀基地を母港としていた米空母「ミッドウェイ」が出撃し、アメリカ西岸、東岸にある米海軍基地を母港とする他の空母とともにイラク攻撃に参加した。また、同空母以外に、クウェートへの反攻作戦には、沖縄の米海兵隊が第一海兵遠征軍の補強戦力として参加した。湾岸戦争後のイラク監視の航空作戦には、嘉手納基地から米戦闘機が参加した。

湾岸戦争を契機にして、アフガン戦争、イラク戦争などにおいて沖縄の米軍の活動範囲は中東までおよぶだけでなく、米軍が一体となって世界規模の展開に沿った活動を見せるようになった。沖縄に常駐する部隊と他の米軍部隊との区別は必要性が失われている。

オバマ政権は、財政赤字とイラク、アフガンの戦費増の結果、国防予算を削減しなければならなくなっている。二〇一二年に入ってアメリカは、兵力削減しながら、アジア重視を打ち出した新しい戦略において、ローテーション配備を進めている。常駐するのではなく、ある期間だけ米軍を配備することで、薄いけど広く、米軍プレゼンスを維持する予定だ。米海兵隊では沖縄へローテーションで戦闘部隊を配備（UDP）してきたが、アフガン以降ローテーションで沖縄へ回す兵力がない。新しい計画では、沖縄の海兵隊の一部（九〇〇〇名）をローテーションで、グアム、フィリピン、オーストリア、ハワイに配備する計画だ。

（我部政明）

◉コラム

海外に出る自衛隊

「思えば遠くへ来たもんだ」。歌のせりふではないが、今一番そう感じているのは、はるかアフリカの南スーダンに派遣されている陸上自衛隊の施設部隊と、海賊退治のため、ジブチを拠点にソマリア沖に展開している海上自衛隊のP－3C哨戒機部隊の隊員たちに違いない。

自衛隊がPKO（国連平和維持活動）に参加して二〇年。この間に大きな被害が出なかったのは、紛争当事者間の停戦合意が守られていることなどPKO五原則を貫いたこと大きい。

ところが、政府はこの五原則見直しを検討している。簡単に言えば、「国際貢献」を名目に自衛隊活動の拡大を模索しているのである。平和憲法の下では論外である。

そんな中、バタバタと二〇一二年二月に送り出されたのが陸自の南スーダンPKOである。約三〇〇人規模で道路や橋などインフラ整備をおこなっているが、問題は独立直後のため治安情勢が流動的なことだ。部族間対立が頻発しているうえに、四月中旬には北部の国境地帯でスーダン軍との間で本格的な武力衝突が起こり、市民らに死傷者が出た。

防衛省は「陸自部隊のいる首都から五〇〇キロ離れているので影響はない」としており、二〇一二年一一月の時点で大きなトラブルは起きていないが、見通しは不透明だ。

もし、予想外の混乱の中で陸自部隊が攻撃され、それを機に武器使用基準の見直しが叫ばれたなら……。本末転倒、何のためのPKOかということになる。

目を転じれば中東。ソマリア沖で二〇〇九年からつづく海自の海賊対処行動に気を良くした政府は、米国の要請にもとづいてペルシャ湾への艦艇のさらなる派遣を検討している。ホルムズ海峡封鎖を公言するイランへの対抗措置だが、相手はまがりなりにも国家だ。

政府はタンカーの護衛や機雷除去を想定しているという。しかし万が一、軍事衝突が起きたさいに海自の護衛艦が反撃すれば、憲法の禁じる「海外での武力行使」に該当する恐れがある。また、機雷を海自掃海艇が処理すれば、戦闘に参加したとみなされる。政府が考えるほど事は簡単ではない。将来の海外派兵の布石となる可能性に留意したい。

また、こうした自衛隊の海外での行動が、米国主導による日米軍事一体化の産物であることは明白で、自衛隊が「米軍とともに海外で戦える」組織への道を着実に歩んでいることにも注意を払わなくてはいけない。

そして、憲法改正論議とともに急速に現実味を帯び始めている集団的自衛権行使を認める動き。これを注意深く見守りつづける必要があるだろう。

（斉藤光政）

Theme 29

本土の基地の現状

●米軍は日本を守るのか

【ポイント】
在日米軍が第一義的に「日本を守るため」に駐留していないことは、米政府高官も認めてきたことだ。実際、在日米軍基地は安保条約にある「極東」を大きく超え、グローバルな米国の戦争の出撃・兵站拠点とされてきた。

〈目的と実態〉

現在、日本には八三の米軍基地が置かれている。自衛隊と共同使用しているものも含めると、その数は一三二に増える。これらの基地は、何のために置かれているのだろうか。

日米安保条約は、基地提供の目的を「日本国の安全」と「極東《きょくとう》における国際の平和及び安全の維持」に寄与するためと記しているが、実際には、グローバルな米軍の軍事行動の出撃・中継・兵站拠点として使われてきたのが実態だ。在日米軍の役割については、米政府高官も「我々は日本防衛に直接に関係する通常兵力を日本に置いていない」（ジョンソン国務次官補、一九七〇年）と発言しており、けっして、第一義的に「日本を守るため」に駐留しているのではない。陸上自衛隊トップの幕僚長を務めた冨澤暉《とみざわひかる》は、「日本の防衛は日米安保条約によって米国が担っていると考える日本人が今なお存在する」とした上で、「在日米軍基地は日本防衛のためにあるのではなく、米国中心の世界秩序（平和）の維持存続のためにある」ということを「（政治家は）国民に説明して欲しい」と要望している（安全保障懇話会会誌二〇〇九年二月号）。

〈横須賀基地〉

米軍にとって最も重要な戦略的価値を持つのが、米海軍常設艦隊のなかで最大規模を誇る第七艦隊の本拠地である横須賀基地（神奈川県）である。同艦隊の司令部がある旗艦ブルー・リッジや、全一一隻の米空母のなかで唯一国外に前進配備されているジョージ・ワシントンおよびその随伴艦となる巡洋《じゅんよう》艦（二隻）、駆逐《くちく》艦（七隻）などの事実上の母港となっている。また、第七潜水艦群の司令部も置かれ、グアムに配備されている三隻の攻撃型原子力潜水艦（以下原潜）などを統制。横須賀基地にも、原潜がたびたび寄港している。

第七艦隊は西太平洋からアフリカ大陸東岸のインド洋まで

を作戦海域とし、アフガニスタンやイラクでの戦争でも横須賀配備の艦船が攻撃の第一波に加わっている。

二〇〇三年に始まったイラク戦争では、横須賀に配備された空母キティホークを中心とする第五空母打撃群が二月下旬にペルシャ湾に派遣され、三月二〇日の開戦の第一撃は同部隊のミサイル巡洋艦カウペンスが発射した巡航ミサイル・トマホークによるものであった。五月六日に横須賀に帰還した第五空母打撃群のモフィット司令は、イラクに計七〇発のトマホークを発射したことを明らかにした。

〈厚木基地〉

厚木基地（神奈川県）には、空母ジョージ・ワシントンの艦載機部隊（第五空母航空団）が配備されている。同空母が横須賀基地にいる間は、四九機（定数）のF／A18Eスーパー・ホーネット戦闘攻撃機を中心とした艦載機は厚木基地に駐機し、整備や訓練などをおこなう。パイロットの技能維持のために同基地の滑走路を空母の狭い甲板に見立ててタッチ・アンド・ゴーなどの訓練をくり返すことから、約二四〇万人とも言われる周辺住民は深刻な騒音被害に悩まされている。夜間離発着訓練（NLP）こそ一九九三年に硫黄《いおう》島《とう》に移転されたが、その後も天候不良で硫黄島で訓練できない時などには、神奈川県や周辺自治体の中止要請を無視して厚木基地で強行している。

●キティホーク

〈第七艦隊の拠点・佐世保〉

佐世保《させぼ》基地（長崎県）も第七艦隊の重要な基地である。朝鮮半島や東シナ海に近く、第七艦隊の補給・整備拠点となっている。また、沖縄の海兵隊を作戦地域に運ぶ強襲揚陸《きょうしゅうりくあげ》艦ボノム・リシャールを中心とした水陸両用部隊も配備されている（司令部は沖縄のホワイトビーチ）。三つの貯油《ちょゆ》所の貯油能力は約八五万キロリットルと米海軍の貯油所としては世界第二の規模を誇り、イラク戦争開戦の直前には二五万キロリットル以上の燃料がインド洋の補給拠点ディエゴ・ガルシアに向けて運び出された。また、横須賀と同様、原潜の寄港も恒常化している。

〔再編計画〕

日米両政府が合意した米軍再編計画では、厚木の空母艦載機部隊を二〇一四年までに海兵隊岩国《いわくに》基地に移駐させる予定だ。岩国基地には三六機のFA―18戦闘攻撃機を中心とした第一二海兵航空群が配備されており、艦載機のFA―18Eと統合運用するのがねらいだ。これにより、岩国にはFA―18だけで八五機が集中することになる。これに加え、普天間《ふてんま》基地からKC―130空中給油機一二機も移転する計画だ。すべて合計すると一三〇機前後の航空機が配備されることになり、嘉手納基地に匹敵するアジア太平洋地域屈指の航空基地となる可能性がある。

岩国基地は、佐世保基地を母港とする強襲揚陸艦などの艦載機の地上基地ともなっている。強襲揚陸艦が佐世保に帰港するさいには、AV―8ハリアーⅡ攻撃機や艦載ヘリが岩国基地に飛来し、整備や訓練などをおこなう。沖縄にMV―22オスプレイが配備されれば、岩国基地と海兵隊キャンプ富士（静岡県）にも二～六機の「分遣隊《ぶんけんたい》」が展開し、本土上空に米軍が設定している低空飛行訓練ルートを中心に訓練を実施するとしている。ちなみに、これらの訓練ルートは日本政府が承認して設定されたものではない。

〔空軍の実態〕

次に空軍は、横田基地（東京都）に司令部を置く第五空軍の下に、横田に輸送部隊、三沢《みさわ》基地（青森県）と嘉手納《かでな》基地（沖縄県）に戦闘部隊や支援部隊などが配備されている。

横田基地には在日米軍の司令部も置かれ、司令官は第五空軍司令官の空軍中将が兼任している。

横田基地にはC―130H輸送機を中心とした輸送部隊が配備され、東アジアにおける輸送ターミナルとしての役割を担ってきた。二〇〇一年一一月にはじまった「対テロ戦争」では、軍需物資は米本土からいったん横田基地に運ばれ、そこからアフガニスタンに近いディエゴ・ガルシアに空輸された。イラク戦争やフィリピン・ミンダナオ島でのイスラム武装勢力掃討《そうとう》作戦でも、横田は軍需物資輸送の集積・中継拠点として活用された。

一二年三月には、府中《ふちゅう》（東京都）から航空自衛隊の航空総隊司令部が横田基地内に移転し、司令部庁舎の地下には日米の共同統合運用調整所も設置された。これにより、米空軍と航空自衛隊の一体化がいっそう進むだろう。

三沢基地の主力は、F―16戦闘爆撃機三六機（定数）を擁する第三五戦闘航空団である。イラク戦争開戦前年の〇二年九月、同基地から約一〇機のF―16が中東に展開し「イラク南方監視作戦」に参加。開戦後は空爆作戦に加わり、四月下旬に帰還するまでにのべ七五〇回出撃したという（「星条旗」六月一日付）。

また、同基地には第七・第五艦隊哨戒偵察部隊《しょうかいていさつ》司令部も置かれ、西太平洋からインド洋、アラビア湾に至るまでの米海軍の哨戒機や偵察機の作戦を統制している。さらに、同基地や近くにある三沢対地射爆場には多くの電波受信施設が設置されている。国家安全保証局（ＮＳＡ）が統括する通信傍受システム「エシュロン」の施設もあるとされ、米軍の東アジアにおける情報収集拠点にもされている。〇六年には、発射された弾道ミサイルの航跡を追う「Ｘバンドレーダー」が航空自衛隊車力分屯基地に、〇八年には、弾道ミサイル発射情報を早期警戒衛星から受信する「ＪＴＡＧＳ（統合戦術地上ステーション）」が三沢基地に配備されるなど米軍のミサイル防衛の拠点ともなっている。

〈陸軍の実態〉

最後に、陸軍は、神奈川県にキャンプ座間《ざま》、相模《さがみ》総合補給廠《しょう》、横浜ノースドック（すべて神奈川県）などの基地が置かれている。広島県呉市にも約一一万トンの弾薬を備蓄する秋月弾薬廠がある。湾岸戦争では、ここから大量の弾薬が運び出された。

現在、沖縄の米陸軍特殊部隊グリーンベレーを除いて日本には陸軍の戦闘部隊は配備されていない。しかし、二〇〇七年に、それまでは主に後方支援を担当する兵站基地であったキャンプ座間に、「展開可能で統合任務が可能な作戦司令部」として「第一軍前方司令部」が新たに設置された。

二〇一二年度末には、陸上自衛隊の中央即応《そくおう》集団司令部が朝霞からキャンプ座間に移転する予定である。中央即応集団は、有事や海外派遣任務のさい、迅速かつ機動的に展開する部隊として〇七年に創設された。この司令部がキャンプ座間で米陸軍第一軍団前方司令部と同居することで、陸でも日米の軍事一体化がいっそう進むだろう。両者は、相模総合補給廠内に新たにつくられた戦闘指揮訓練センターで共同作戦のシミュレーションを繰り返すことになる。

以上概観してきたように、在日米軍基地は「日本を守る」どころか、安保条約第六条が定めている「極東」という範囲すらはるかに超え、ベトナム、アフガニスタン、イラクなど地球的規模での米軍の軍事活動のために活用されてきたのが実態だ。

（布施祐仁）

〈参考文献〉山根隆志・石川巌『イラク戦争の出撃拠点』（新日本出版社、二〇〇三年）、梅林宏道『在日米軍』（岩波書店、二〇〇二年）

Theme 30

●どのように変貌したか

アジアの米軍基地

【ポイント】
アジアの米軍基地はグローバルな米軍の軍事行動の出撃・中継・補給拠点となってきた。そして今、米国の国益がかかる最重点地域として、同盟国・友好国も引き込んで軍事プレゼンスの強化を図ろうとしている。

〔アメリカの太平洋戦略〕

アメリカは「冷戦」がはじまった一九四〇年代後半から五〇年半ばにかけて、共産主義国のソ連・中国を取り囲むように反共軍事同盟網を敷く。五一年にフィリピン、日本、オーストラリア・ニュージーランドと、五三年に韓国、五四年に台湾と安全保障条約あるいは相互防衛条約を締結し、五四年にはアジア版NATOともいえる東南アジア条約機構（SEATO）を設立。アジアにおける米軍基地網もこうしたなかで形成されていく。

八九年に冷戦が終結すると、米軍は世界的な再編に着手する。欧州では、陸軍を中心に約三〇万人から約一五万人へと兵力を半減することが決定される。いっぽう、アジアについては、九五年に国防総省が発表した「東アジア戦略報告」（ナイ・レポート）で一〇万人体制の維持を打ち出す。結果的に、約二〇万人が削減された在欧米軍と異なり、アジアでは冷戦終結後も大きく米軍兵力が削減されることはなかった。

二〇一二年一月、アメリカは新しい国防戦略指針を発表した。中国の経済成長と軍事力強化を念頭に、国防の重点を中東から「アメリカの利益に様々な挑戦と機会を生み出すアジア・太平洋」に移すとした。そして、同盟国や新しい「パートナー」国の協力もえて、米軍が「（中国軍などによって）制限されることなくこの地域にアクセスし、作戦を遂行する能力を維持」するとしている。

〔司令部ハワイと、“戦略的ハブ”のグアム〕

ハワイには、太平洋軍司令部のほか四軍すべての地域司令部が置かれ、アジア太平洋における「米軍の頭脳」としての役割を担っている。太平洋軍の担当地域は、太平洋全域と東インド洋、ユーラシア大陸の東半分にわたり、地球の表面積のおよそ半分を占める。

アメリカの「未編入領土（準州）」のグアムは、島の面積の三分の一が米軍基地で占められている。中心はアンダーセン空軍基地とアプラ海軍基地で、米軍はこの島を「戦略的ハブ（PPH）」と位置づけて強化しようとしている。

一九四四年に日本本土爆撃をおこなうB—29用に造られたアンダーセン空軍基地は、ベトナム戦争では一五〇機を超えるB—52戦略爆撃機が配備され、最大の発進基地となった。冷戦終結後に爆撃機部隊はいったん解体されたが、二一世紀に入って、B—52のほかB—1、B—2ステルス戦略爆撃機やF—22ステルス戦闘機などの最新鋭機が米本土からローテーション配備されるようになった。また、空中給油機や無人偵察機グローバルホークなども配備されている。

アプラ海軍基地は現在、三隻のロサンゼルス級攻撃型原子力潜水艦の事実上の母港となっている。さらに、原子力空母が一時寄港できる埠頭《ふとう》を造る計画だ。また、在沖海兵隊の移転にともない、司令部庁舎のほか、MV—22オスプレイなどの航空機部隊用の滑走路や駐機場、強襲揚陸艦や大型高速艇などの艦船が停泊できる埠頭も建設する。

しかし、人口増加にともなう上下水道などのインフラ整備に巨費を要することや、米議会が計画の再評価を求めて関連予算を凍結したことから、基地強化計画は大幅に遅れている。日本政府は、グアムの基地強化計画のために約三一億ドル（約二五〇〇億円）を負担する。これにはテニアン島に建設する「米軍と自衛隊が共同使用する訓練場」の費用も含まれる。

〔通信基地—オーストラリア〕

一九五一年に締結された太平洋安全保障条約（ANZUS）は、八〇年代にニュージーランドが核兵器搭載艦の寄港を拒否するようになって以降、事実上の米豪二国間同盟となっている。

オーストラリアには、米豪共用の通信基地が置かれている。中南

●—アンダーセン基地

部のナランガー通信基地は、一九九九年に閉鎖されるまで、早期警戒衛星の地上局として世界的な弾道ミサイル早期警戒網の一翼を担ってきた。閉鎖後、その機能は中部のパイン・ギャップ通信基地に引き継がれている。パイン・ギャップ通信基地は、軍事偵察衛星の地上局や通信傍受ネットワーク「エシュロン」の基地にもなっていると言われている。

二〇一二年四月からは、北部ダーウィンの空軍基地に米海兵隊が駐留を開始した。現在は数百人規模だが、数年以内に約二五〇〇人まで増強される予定である。

〔シーレーンの要衝―シンガポール〕

アラビア海・インド洋と南シナ海・太平洋を結ぶ「シーレーン（海上交通路）」の要衝、マラッカ海峡。この海峡を臨むシンガポールは、アメリカの同盟国ではないが、一九九〇年に覚書《おぼえがき》を結んで基地使用を認めている。米軍が使用しているのは、セルバワン埠頭《ふとう》、パヤレバ空軍基地、チャンギ海軍基地の三施設。九二年にフィリピンの米軍基地が撤去されて以降は、米軍の重要な中継・補給拠点となり、アフガンやイラクでの戦争でも大きな役割を果たした。第七艦隊の補給部隊約二〇〇人が駐留し、米原子力空母もたびたび寄港している。

〔韓国の現状〕

韓国には、約九〇の米軍基地があり、約二万五〇〇〇人が駐留している。アジア太平洋地域の他の同盟国と異なるのは、主力が陸軍の戦闘部隊という点だ。これは、朝鮮戦争が現在も「休戦中」であり、在韓米軍の主な任務が北朝鮮との戦争に備え、抑止することにあるからだ。

しかし、世界的な米軍再編のなかで、ソウル以北の基地を集約してソウル以南に再配置することや、陸軍を中心に兵力を大幅に削減することが決定された。二〇〇四年には、陸軍一個旅団（約三六〇〇人）がはじめて朝鮮半島域外であるイラクに派遣された（その後、韓国には戻らず、米本土へ帰還）。在韓米軍も在日米軍同様、駐留国の防衛と直接関係のない域外へ機動的に展開できる部隊へと変わりつつある。

〔変貌するフィリピン〕

フィリピンは、第二次世界大戦後の一九四六年にアメリカから独立を果たすが、翌四七年にアメリカと基地協定を結び、五一年には相互防衛条約を締結する。

スービック湾海軍基地とクラーク空軍基地は、インドシナ戦争とベトナム戦争における米軍の最大の中継・補給拠点とされた。ベトナム戦争後は、ソ連がベトナムのカムラン湾に建設した海軍基地ににらみを効かせた。湾岸戦争では、太平洋から中東へと展開する米海軍の中継・補給拠点となり、派遣された米海軍の弾薬、食糧、燃料などの約七割はスービック基地から供給されたという。また、これらの基地はフィリピン国内への干渉にも用いられてきた。

マルコス大統領は市民一〇〇万人がマニラの大通りを埋めた一九八六年の民衆革命で追放される。基地は植民地主義の象徴であり、主権を侵害するものだという国民世論に押され、八七年に制定された新憲法は外国軍駐留の原則禁止を明記した。基地協定の期限切れを控えた九一年九月、フィリピン議会は新たな基地条約の承認を否決。九二年に同国内の米軍基地は完全撤去された。

基地は撤去されたが相互防衛条約は破棄されず、一九九八年には「訪問米軍に関する地位協定（VFA）」が締結される。二〇〇一年の9・11同時テロ事件後、アメリカはフィリピン南部ミンダナオ島で活動するイスラム武装勢力「アブサヤフ」がアルカーイダと連携しているとして、比軍との合同演習の名目で掃討作戦（不朽の自由作戦・フィリピン）を展開。米軍はアブサヤフの拠点のあるバシラン島に五〇〇人規模の特殊部隊で構成する「軍事顧問団」を派遣し、事実上の駐留をおこなっている。〇二年には相互補給支援協定を締結し、米軍はフィリピン国内の港湾や空港を自由に使用できるようになった。

米比両国は一二年四月、外務・防衛担当閣僚による初の安全保障協議（2プラス2）を開き、南シナ海での中国の活動を念頭に海上安全保障などで協力をいっそう強化することで合意した。アメリカは、海兵隊を比軍基地にローテーション配備することもねらっており、フィリピン政府と協議を進めているもようだ。アメリカはこのほかにも、一九七〇年代半ばまで米軍基地があった同盟国タイや、「パートナー」と位置づけるインドネシア、マレーシア、ベトナムとも共同訓練や人道支援活動、米艦船の寄港などを積み重ねて協力関係を強化しようとしている。コストがかかる恒久基地をこれ以上増やすのではなく、これらの国々の軍事施設や港湾を活用して米軍を巡回（ローテーション）させることで「プレゼンス」の強化を図るのが、米新戦略の一つの柱だ。

米軍のアジアにおけるプレゼンスの目的は、中国への牽制にとどまらない。それは、グローバル（全地球的規模）な米軍事戦略のなかで位置づけられている。（布施祐仁）

〈参考文献〉ローランド・シンブラン『フィリピン民衆VS米軍駐留―基地完全撤去とVFA』（凱風社、二〇一二年）

Theme 31

領土問題と米軍基地

●安保条約は領土問題に役立つのか

【ポイント】
世界各地の領土問題は解決されてきている。軍事力による対応は戦争を引き起こすだけでしかないことを人々は理解したからである。そこに軍隊の出番はなく、平和的な解決しか方法はない。

〔減少する国家間の戦争〕

日本はロシア、韓国、中国との間で領土問題を抱えている。特にこの間、中国との対立が激しくなっているのでそのために米軍が必要だという意見があるが、はたしてそうだろうか。

第二次世界大戦後、特に冷戦が終わってから、中東やアフリカ、旧ソ連などの特定の地域を除くと、国家同士の武力紛争はほとんど起きなくなっている。たとえばヨーロッパのように、くりかえし戦争をおこなってきたことへの反省から経済・政治統合を進めてきてEUを作り、EUの枠内ではもはや戦争が起きる危険性はまずなくなった。武力衝突をくりかえしてきた東南アジアでもアセアンとしてまとまり、まだ内戦は残っているが、国家同士の戦争の危険性は著しく減少している。戦争の原因として多いのは領土をめぐる争いだったが、これも近年、いくつかの領土問題が解決してきている。

〔領土問題の解決方法〕

これまで領土問題はどのようにして解決されてきたのだろうか。いくつかのパターンがある。第一の方法が、両者の言い分を折衷《せっちゅう》し、領土を半々で分ける方式である。とくに大陸にある各国の周辺部はさまざまな国家が勃興・衰退して境界はしばしば動き、また近代になってからも明確な国境が引かれないままになっていた。対立する両者のどちらにもなんらかの「言い分」があり、結局、両者が妥協するしかなかった。近年、中国とロシアなどがこの折半《せっぱん》方法で領土問題を解決した。中ロ間では領土をめぐって何度も軍事衝突を繰り返してきたが、その解決は非常に大きな意義がある。

第二に、まれな例ではあるが、一方的に譲歩する方法であり、ドイツが代表的な例である。ドイツは大戦の敗戦国ということもあり、多くの領土をソ連（ロシア）やポーランドなどに奪われた。このことは一見、ドイツには不利に見えるが、領土問題を終わらせることによって、それらの諸国との関係改善、緊張緩和そして冷戦構造の解体につながった。さらにEUの東方拡大にもつながり、長い目で見れば、ドイツの安全保障にとっても経済発展にとっても有利な状況を作り出すことになっていると言える。

〔領土問題の棚上げ方式〕

第三に、すぐに解決するのが難しい場合、領土問題を棚上げして、ほかの分野での協力を進め、領土問題の比重を低下させる方式がある。領土で争いになるのは、それが経済や軍事面での利益と結びついているからで、そうした利害を領土の帰属とは別に処理するのである。たとえば、日本と韓国の間では竹島《たけしま》（独島《トクド》）問題があるが、一九九九年に発効した日韓漁業協定では竹島はないものとして、日韓それぞれの排他的経済水域の海域と、その中間に暫定水域を設定し、暫定水域では日韓が協議しながらそれぞれが漁業をおこなうこととされている。

この方式は日中間でも採用されており、一九九七年に締結された新日中漁業協定では、領有をめぐって争われている尖《せん》閣《かく》列島の北側の水域について、両国の漁船が操業することのできる暫定措置水域ということで処理されている。

また日中間では東シナ海の海底油田をめぐる対立がある。これまでのところ中国が油田開発をおこなっている水域は、日中中間線の中国寄り（ないしは線上）に限定されている。このように経済問題は領土の帰属と切り離して処理し、また軍事的にはそこには軍隊を配備せずに非軍事地域にし、領土での対立をほかの分野に影響させないことが重要である。

近年までは、尖閣列島の帰属について中国側は公式には中国領土と主張しながらも日本の実効支配を黙認してきたのであり、日本に大きく譲歩してきたと言える。日本側も日本人の上陸を認めず、入っていた中国人は強制退去させることによって実効支配を維持しながら、大きな問題に広がることを防いできた。「知恵のある」「次の世代」がよりよい解決方法を見つけるまで領土問題を「棚上げ」しよう（日中友好条約批准の際の鄧小平《ダンシャオピン》副首相の発言）という対応は、日中両政府の賢明な知恵とも言えるものだった。

〔日本が抱える領土問題〕

現在、日本が抱えている領土問題は、ロシアに占領されている歯舞《はぼまい》、色丹《しこたん》、国後《くなしり》、択捉《えとろふ》の四島のいわゆる「北方領土」、韓国との間での竹島（韓国が実効支配）、中国との間の尖閣列島（日本が実効支配）の三つがある。

「北方領土」は、日本領だったこれらの島々を第二次大戦末にソ連軍が占領したものであり、それをソ連（後継国としてのロシア）が占領しつづけるのは、領土拡大を否定した連合国の基本理念に反する。しかしいっぽうで、日本はサンフランシスコ平和条約で千島《ちしま》列島を放棄した。現在、日本政府は、放棄した千島列島には国後と択捉は含まれないという解釈をしているが、平和条約締結時には、この二島は千島列島に含まれるとくりかえし国会でも表明しており、「北方領土」返還要求の主張の正当性は疑問である。ただし歯舞と色丹は放棄した千島列島に含まれておらず、ロシアが占領しつづけるのは正当性がない。

そもそも日本に対する参戦の見返りに千島列島をソ連に渡すと約束したのはアメリカであり、平和条約で日本に千島放棄を認めさせたのもアメリカである。それが後になって四島返還論をアメリカが支持したのは、歯舞・色丹の二島返還による日ソ間の関係改善を阻み、日本をアメリカの同盟国として確保するためだった。いずれにせよ日ソ（露）間の離間をはかるのがアメリカの政策であり、ここに米軍が役に立つ可能性はまったくない。

竹島については、平和条約でその帰属をアメリカはあいまいなままにしておいた。日韓ともにアメリカの同盟国であり、韓国を敵にしてアメリカが日本のために軍事力を行使することはありえない。

尖閣列島について、日本が国有化したことが従来の棚上げ方式を日本が一方的に廃棄したと見なされ、対立が激化しているが、アメリカはどちらの主張にも組せず、日中両国が話し合いで解決すべきとくりかえしている。中国の経済大国化にともなう米中関係の深まりの中で、この日本の領土問題のために米軍が動くと考えることは合理的でない。沖縄の海兵隊にしても、中国と軍事的に対決するとすれば役に立たないという指摘はアメリカの軍事関係者からも出ている。

〔領土問題の解決に軍隊は役に立たない〕

日本の領土問題を解決するにあたって非軍事的な方法しか選択肢はない。与那国《よなぐに》島に自衛隊を駐留させ、さらに尖閣列島に自衛隊を派遣すべきだという主張が聞かれるが、これまでのところ日本は海上保安庁、中国側もそれに相当する機関が対応しており、ともに軍隊の出動は避けられている。日本が軍隊を出せば、当然、中国世論は沸騰《ふっとう》し中国軍が出てくる。近年、日中両国ともマスメディアや世論が排他的になり、それを扇動《せんどう》する政治家が少なくなく、すぐに興奮して攻撃的になる傾向が強まっており、軍隊が出て行くことは非常に危険である。

領土問題の解決は、両国間の関係改善にとって絶好の機会にもなりうる。「北方領土」であれば、当然、アイヌなどの

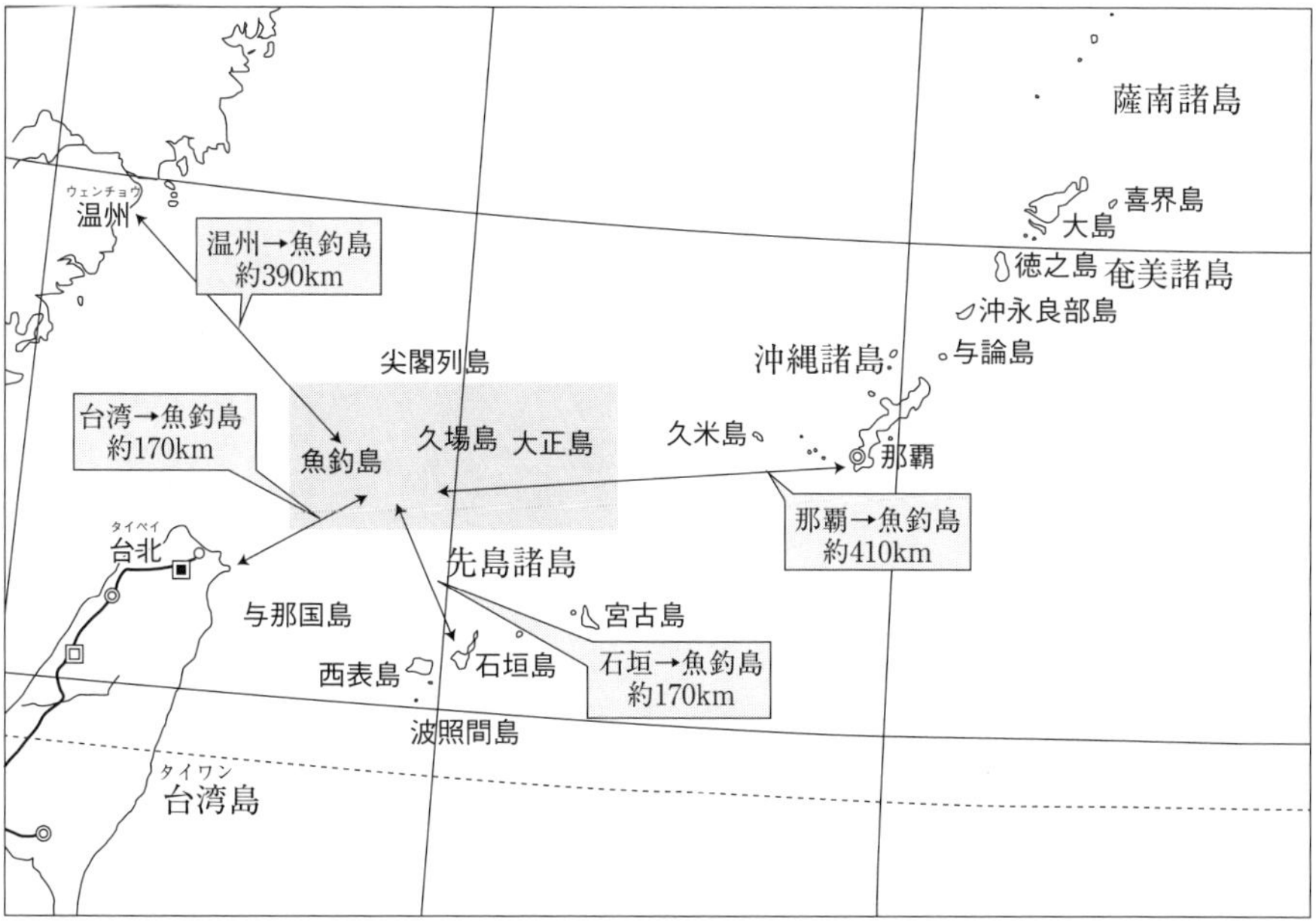

●—尖閣列島の位置関係（海上保安庁の HP を基に作成）

先住民としての権利を認め、さらに数十年にわたって住んでいるロシア人との共存をはかり、非軍事地域として日露友好のシンボル的な地域にできるはずである。尖閣列島については、かつては沖縄漁民たちが利用してきた島であり、またその周辺海域は沖縄と台湾の漁船が平和的に利用してきた。国家が領有権を主張して対立することで、逆にそこを利用してきた民衆の平和的な共存関係が破壊されることになる。この尖閣列島や竹島についても、日中間や日韓間で漁業や海底油田などの経済的資源の共同利用・開発を進めるなかで、領土問題での対立が他の関係に悪影響を及ぼすのを避け、領土問題そのものの意味を低下させる方法が可能な道であろう。相手を非難するだけの扇動的な方法ではなく、領土としての帰属がどちらになるかは別として、その帰属が意味を持たないような関係を作ることが、平和国家日本として世界に貢献できる新しい領土問題の解決法になるだろう。そこには軍隊が果たす役割はない。

（林　博史）

〈参考文献〉孫崎享『日本の国境問題』（ちくま新書、二〇一一年）、原貴美恵『サンフランシスコ平和条約の盲点』（渓水社、二〇〇五年）

Theme 32

普天間基地返還・移設問題

●世界一危険な基地をどう閉鎖・返還するか

【ポイント】
米軍普天間飛行場は米本国であれば、運用できない。沖縄住民との命の重さの二重基準は許されない。沖縄の民意を反映し、「空白の一六年」と決別するため、県内移設を選択肢から外し、対米交渉を仕切り直すべきだ。

【授業寸断する爆音】

沖縄本島中部の宜野湾《ぎのわん》市のど真ん中に米海兵隊普天間《ふてんま》飛行場がある。面積は約四八一ヘクタールで市域の二五%を占める。周辺には学校、病院など一二一の公共施設がひしめく。

一九九九年に名護《なご》市辺野古《へのこ》への移設が閣議決定され、二〇〇六年の在日米軍再編合意、一二年の米軍再編見直しでも、「辺野古移設が現実的」と県内移設が踏襲《とうしゅう》された。しかし、県内移設を拒む沖縄の民意は強まるいっぽうで、移設は実現していない。日米両政府がかたくなにこだわる「沖縄への基地押し付け」以外に選択肢はないのだろうか。決してそうではあるまい。市街地に居座る航空基地の危険性を取り除く原点に立ち返ることが解決の近道となる。

普天間飛行場は、米海兵隊のヘリコプター部隊が常駐する米国外で唯一の基地だ。五二機の常駐機に加え、外来機が頻繁に飛来する。周辺住民は墜落の恐怖にさいなまれ、騒音による生活・学習環境への悪影響も深刻だ。

普天間飛行場の返還に日米両政府が合意してから満一六年を迎えた二〇一二年四月一二日、滑走路の端からわずか四〇〇メートルの距離にある宜野湾市立普天間第二小学校の教室内で一〇六デシベル、屋上で一一九デシベルの騒音が記録された。

教室内の計測音は車の一～二メートル前で聞くクラクションの音、屋上の音は航空機のジェットエンジン音を間近で聞く音に匹敵する。一〇分以上聞きつづけると、心身ともに変調を来す水準の爆音が学びやを襲ったのだ。

この日は、北朝鮮が「人口衛星」と称する長距離弾道ミサイルを発射した前日だった。普天間飛行場に飛来した外来のFA―18戦闘攻撃機が離着陸する爆音が響き渡った。

普天間飛行場周辺の小、中学校では、環境基準値を上回る八〇～一〇〇デシベル超の米軍機騒音が鳴り響き、一時限で

●―普天間飛行場．1996年の返還合意から16年以上が過ぎた

四～五度、先生の声が十数秒間聞こえなくなる。児童が落ち着いて先生の話を聞けるようになるまで一分はかかるという。基地周辺で暮らす住民、児童生徒は遮《さえぎ》りようのない爆音に容赦なく、生活・学習環境を脅かされている。

二〇一二年一〇月、日米両政府は、開発段階から墜落事故を繰り返し起こし、安全性に深刻な懸念がある海兵隊の垂直離着陸輸送機ＭＶ―22オスプレイ配備を強行した。沖縄県民にとっては単なる装備更新ではない。生命・財産が脅かされる現実的な脅威として受け止められている。

〔米本国なら使用不可　露骨な命の二重基準〕

二〇〇三年一一月、ラムズフェルド米国防長官（当時）がヘリコプターで上空から普天間飛行場を視察した。住宅密集地と接する状況を目の当たりにし、こう口走った。

世界一危険な基地だ。こんな所で事故が起きない方が不思議だ。早く閉鎖しろ

普天間飛行場を「世界一危険」と言わしめる理由に「クリアゾーン」問題がある。クリアゾーンとは、米軍機の離着陸の安全確保と住民を危険から遠ざけるために土地利用を禁止した区域だ。滑走路両端から九〇〇メートルの線を軸にした幅約四五〇～六九〇メートルの台形状の緩衝地帯だ。

普天間飛行場のクリアゾーンには普天間第二小学校や公民館、病院など一八の公共施設があり、約三六〇〇人の市民が住む。米本国であれば、即刻運用を停止しなければならない航空基地を米軍は使いつづけ、日本政府は異をとなえない。沖縄県民と米国民の命の重さの露骨な二重基準が放置されている。

二〇〇四年八月、ラムズフェルド氏の懸念が現実のものとなった。イラクへの派遣を前に、普天間と沖縄近海の強襲揚陸艦を行き来していた海兵隊のＣＨ―53Ｄ大型輸送ヘリが、

隣接する沖縄国際大学に墜落、炎上した。事故は普天間飛行場の危険性を鮮明に照らし出した。(→㉕ヘリ墜落事故)

〔幻の県外移設案―対米従属の呪縛〕

一九九六年四月に日米は全面返還に合意したが、県内移設条件が付いた。狭い沖縄本島内に大規模な航空基地を新設しないかぎり、普天間飛行場を返還できないという制約が厚い壁となって立ちはだかっている。

だが、九六年から九八年にかけて、県外移設が日米両政府の交渉で検討されていたことが明らかになっている。それは、①沖縄の負担軽減を話し合った日米特別行動委員会(SACO)で九六年、日本側が、北海道の苫小牧《とまこまい》東部地域への移設可能性を米政府に打診②九六年、在日米軍が移設先として県外の自衛隊基地に最高点を付けた③九八年、キャンベル米国防次官補代理が北九州などへの「県外移設」が可能とする見解を日本政府側に伝えた――という事実だ。米公文書や守屋《もりや》武昌《たけまさ》元防衛事務次官の日誌などから判明している。

一九九八年の知事選で大田を破った稲嶺恵一《いなみねけいいち》が九九年に県内移設を受け入れ、移設先に名護《なご》市辺野古《へのこ》沖を選択した。政府は環境に最も負荷が大きい埋め立てによる新基地建設に向けた海上作業を強行したが、住民らによる根強い反対行動が海上で展開され、進展を許さなかった。

住民側の実質勝利で終わった海上でのせめぎ合いの後、「辺野古見直し」が取り沙汰されたが、二〇〇六年の米軍再編合意で新たな辺野古V字型滑走路案が繰り出され、県内移設が維持された。辺野古移設が実現すれば、在沖海兵隊員八〇〇〇人のグアムへの移転することがセットの条件となった。

鳩山由紀夫《はとやまゆきお》を首班とし、二〇〇九年の政権交代で誕生した民主党政権は「県外移設」を目指した。沖縄県内で「県外移設」への期待感は高まったが、対米従属にとらわれた外務・防衛官僚が包囲網を敷き、鳩山は県内移設に回帰して退陣した。県内移設を拒む沖縄県民の世論は後戻りできないほど、高まっている。(→㉝国外・県外移設への取り組み)

既存基地の移設先探しというスモールチェンジをめぐり、一国の首相の首が飛ぶ異常事態は、日米安全保障をめぐるこの国の官僚支配の病弊《びょうへい》、統治機構としての危うさを鮮明に照らし出している。(→㉟政権交代と米軍基地)

〔「辺野古移設は幻想」―米国議会、識者に変化〕

二〇一二年の新たな日米合意でも辺野古移設が堅持されたが、日米政府が「絶対に切り離せない」と強弁していた海兵隊のグアム移転との一括実施のパッケージはあっけなく解かれた。「県内移設が進まないと、負担軽減に結び付く海兵隊のグアム移転も実現しない」と言い張り、沖縄社会に県内移設に妥協するよう圧力を掛け続けた日米政府の欺瞞《ぎまん》が明白になった。

米軍は、政治の判断にもとづいて、自在に軍や装備の配置を換える戦略的柔軟性をもつ。在沖海兵隊の実戦部隊八〇〇〇人が移るグアムや、地元知事が誘致をかけるテニアンなどに普天間飛行場の飛行部隊を集約しても、軍事情報技術と輸送機能の格段の進歩に裏打ちされ、米軍の機動力は低下しない。

民主党政権下で普天間問題が混迷する間に、米国の知日派の識者や軍事に影響力を持つ議会有力者から、辺野古移設を否定する見方が次々と出ている。

まず、二〇一〇年七月、米下院民主党の有力議員バーニー・フランク氏が米国の厳しい財政赤字を踏まえて膨張の一途にある軍事費に果敢にメスを入れる必要性を強調し、「海兵隊がいまだに沖縄にいる意味が分からない。沖縄にいる一万五〇〇〇人の海兵隊員が何百万人もの中国軍と戦うなどとだれも思わない。海兵隊は六五年前にあった戦争の遺物だ。沖縄の海兵隊は要らない」と強調し、米国内の在沖海兵隊不要論や辺野古移設に難色を示す見解が噴き出す契機となった。

二〇一一年には上院軍事委員長の重鎮らが辺野古移設を「不可能」「幻想」とみなす見解を示し、辺野古移設とセットになった海兵隊のグアム移転費を国防費から削減した。知日派の重鎮の元米国防次官補のジョセフ・ナイ氏までが「沖縄の人々に受け入れられる余地はほとんどない」として、在沖海兵隊の豪州移転を主張した。否定的見方の背景にあるのは沖縄県民の強硬な反対を重視する姿勢であり、沖縄への基地押し付けをやめない日米両政府と対極をなしている。

普天間飛行場の返還・移設問題の核心は、この危険な基地をどこに移せばいいのかという次元の問題ではない。

県内移設の呪縛にとらわれてはならない。米国内の識者や重鎮議員らの意識の変化は、普天間飛行場の危険性を除去するという原点に立ち返り、沖縄の民意を反映した打開策を模索する絶好機が到来していることを表す。対米交渉を仕切り直すことこそ、普天間飛行場の早期閉鎖に向けた最善の道のはずだ。

（松元　剛）

〈参考文献〉琉球新報社『呪縛の行方―普天間問題と民主主義』（琉球新報社、二〇一二年）、雑誌『世界』（岩波書店）など

Theme 33

国外・県外移設への取り組み

●沖縄の民意をどう読み解くか

【ポイント】
米軍普天間飛行場の県内移設への賛否で割れていた沖縄の民意は、超党派の県民大会を重ね、島ぐるみで県外・国外移設を求める様相を呈している。基地押し付けを「構造的差別」とみなし、後戻りしない民意の地殻変動は大きい。

〔構造的差別〕

沖縄の米軍基地問題の最大懸案《けんあん》である普天間《ふてんま》飛行場の返還・移設問題は二〇〇九〜一二年に大きく動いた。民主党政権は「最低でも県外移設」（鳩山由紀夫《はとやまゆきお》元首相）としていた事実上の公約を破棄し、名護《なご》市辺野古《へのこ》への移設で米国と再合意した。沖縄に基地を置きつづける日米両政府による「構造的差別」への怒りがかつてない高まりを見せ、県内移設ノーで沖縄社会はひとつに結ばれた。日米安保体制の捨て石にはならないという強固な民意は不可逆的だ。それを反映した県外・国外移設を模索することしか、解決策は見いだせない。

鳩山政権が名護市辺野古への県内移設回帰に急傾斜していた二〇一〇年四月二五日、普天間飛行場の国外・県外移設を求める沖縄県民大会が開かれた。読谷《よみたん》村の会場には十数分おきに迷子のアナウンスが流れた。九万人（主催者発表）の参加者の中に世代を超えて馳せ参じた家族連れが多くいたからだ。

「本土復帰から四〇年たつが、米軍基地だけは厳然と変わらず目の前に座っている。明らかに不公平、差別に近い印象をもつ」。仲井眞弘多《なかいまひろかず》知事は沖縄に基地を押し込め続ける日米両政府の不作為を「差別」と表現した。

普天間飛行場の県内移設を容認していた仲井眞知事は二〇一〇年一一月の県知事選を機に、県外移設要求に舵《かじ》を切り、再選を果たした。民意が後押しした政策転換だった。沖縄に基地を押し付けつづける「構造的差別」が基地問題のキーワードとして沖縄社会に深く浸透し、県内外に発信されている。

基地新設を拒む沖縄社会の地殻変動は大きい。

普天間飛行場の返還が一気にクローズアップされたのは九六年四月に、当時の橋本龍太郎《はしもとりゅうたろう》首相とモンデール駐日大使が県内移設条件付きの全面返還を電撃的に発表してからだ。前年の九五年九月に起きた米兵による少女暴行事件に対する、沖縄県民の怒りが爆発し、基地整理縮小を求めるうねりが高まる。沖縄の沸騰する反米軍基地感情を鎮静化するため、日米両政府は普天間飛行場の全面返還を決めた。

しかし、県内移設条件が付いたことで、沖縄社会は揺れてきた。九八年の知事選で、当時の県経営者協会長だった稲嶺《いなみね》恵一《けいいち》は県内移設容認を掲げ、政府との信頼関係にもとづいた経済振興を主張し、県内移設を拒否した大田昌秀を破る。稲嶺は九九年一一月、沖縄県知事として戦後はじめて、大規模な普天間代替基地の名護市辺野古海域への建設を容認する。

それ以来、報道機関の世論調査では、総じて県民の約七割が辺野古移設に反対してきたが、県内移設を容認する保守系知事が稲嶺～仲井眞県政と四期つづいた。しかし、仲井眞知事は二期目で、「県外移設」要求に舵を切った。

〔補償型基地維持政策の破綻〕

基地の島・沖縄は戦後、基地依存に仕向けられた経済政策がつづき、県民は「基地撤去か経済か」の選択を迫られてきた。自民党政権と近い保守側は、基地を受け入れる代わりに経済振興策を引き出す思考回路に長くとらわれてきた。

しかし、それは音を立てるように崩れている。

それを象徴したのが、二〇一〇年一月の名護市長選挙だ。「辺野古の海にも陸にも基地は造らせない」と主張した稲嶺進《すすむ》が、辺野古移設受け入れによる経済振興を主張してきた現職を破り、初当選を果たした。過去三度の選挙で当選してきた基地受け入れ派が敗れた。

選挙は基地受け入れとリンクした「名護・北部振興策」への評価が大きな争点だった。一九九七年に当時の名護市長が移設を受け入れて以来、「北部振興策」や米軍再編を推進する自治体を厚遇する米軍再編交付金など、政府は約七〇〇億円の国費を名護市に投入したが、市経済を覆《おお》う深刻な停滞感は払拭できなかった。市街地の空き店舗率は沖縄県内一一市で最悪の二〇％近くに跳ね上がり、稲嶺が主張した「基地絡みの一時的な振興策でなく、持続的で新しい時代の北部振興」が支持を集めた。民意をゆがめ、アメとムチが露骨に表れた「補償型基地押し付け政策」の破綻は鮮明になった。

名護市長選のインパクトは大きく、自民党、公明党の県組織は県内移設を迫る党中央と対峙《たいじ》する形で、普天間飛行場の県内移設の旗を降ろし、県外移設要求に転換する。さらに、県内移設の是非で対立してきた県議会与野党が大同団結し、同年二月、県議会としてはじめて県外・国外移設を求める決議を全会一致で可決した。そして、四月二五日、普天間飛行場の国内・国外移設を求めた県民大会が県議会主導で催された。沖縄の民意の変化は大きく、仲井眞弘多知事を「県外移設」に政策転換させた。

〔官僚支配の病弊三点セット〕

「普天間飛行場は最低でも県外移設」と公約し、政権交代を果たした鳩山由紀夫首相は二〇一〇年五月、国民の多くが「普天間問題」の深層をつかみあぐねるまま、米国の圧力と日本の在京大手メディアの「政局」重視報道の挟み撃ちに遭い、名護市辺野古に代替基地を造る日米合意に回帰した。

外国の軍隊が使う一基地の移設先をめぐって、合意の変更を探った文民トップが辞めざるを得ない国とは一体何なのか。異常な事態であることは間違いない。

二〇一一年は、日本の安全保障政策の官僚支配の病弊《びょうへい》が色濃く刻まれ、沖縄県民の日米両政府に対する反発が一層強まった。まず、鳩山元首相が沖縄二紙と共同通信のインタビューに応じ、普天間飛行場の辺野古移設に回帰した理由に挙げた「抑止力《よくしりょく》」は「後付けの方便だった」と語り、外務・防衛官僚の包囲網の軍門に下った状況を赤裸々に告白した。

同年三月には、米国務省日本部長のケビン・メアが「沖縄はごまかしとゆすりの名人で怠惰」と発言したことが報じられた。蔑視発言の責任を取らされ、メアは更迭された。

同年一一月には、田中聡沖縄防衛局長がオフレコを前提とした記者との懇談の席で、普天間飛行場の名護市辺野古移設に向けた環境影響評価書の提出時期を問われ、「犯す前に『これから犯しますよ』と言いますか」と発言した。人権感覚を著しく欠き、県民と女性の尊厳を踏みにじる歴史的な暴言を『琉球新報』が報じ、田中は即座に更迭された。

メア、田中の両氏の暴言は、沖縄は基地を抱える宿命から逃れられず、力ずくで押せば屈するとみなす日米の官僚の傲《ごう》慢《まん》さをくっきり照らし出した。県民の激しい怒りを呼び起こし、県内移設ノーの民意を一層高めた。

沖縄県は、国が専管事項と主張する安全保障政策をめぐり、攻めの基地行政に転じている。米国の識者らとネットワークを築き、米議会や米政府の動向をこまめに探り、「県外移設」に向けた理論武装に努めている。仲井眞知事が二度訪米し、米国務省、国防総省の担当者との面談、米識者が出席した講演で、「県外移設」を強く求めるなど、沖縄の民意を米国の中枢に発信する取り組みをつづけている。いっぽう、稲嶺名護市長も訪米し、大規模な市民グループも訪米要請活動を展開するなど、沖縄の声を米国にぶつける取り組みが相次いでおり、米議会内で「辺野古移設は不可能」とする見方が強まっていることに一定の影響を与えている。

〔復帰四〇年、沖縄の反転攻勢〕

二〇一二年五月一五日の本土復帰四〇年の節目を機に、『琉球新報』と『毎日新聞』が実施した県民世論調査で、普天間飛行場移設問題について、「撤去すべきだ」「県外移設」「国外移設」が八九%を占め、過去最高の数値となった。垂直離着陸輸送機MV―22オスプレイの配備計画への賛否を問うと、九一%が反対した。

●―オスプレイ反対県民大会．退場宣告「レッドカード」を示す赤で会場が染まった（2012年9月9日）

県知事、県議会、全四一市町村長と議会の全てが反対する意思を明確にし、同年九月九日に開かれたオスプレイ配備反対と普天間飛行場の県外・国外移設を求めた県民大会には、基地問題では過去最多となる一〇万三〇〇〇人が結集し、強固な反対意思を示した。

米軍の一装備の更新を命が脅かされる切迫した事態とみなし、超党派の県民大会で抗《あらが》うことに沖縄の民意の変化が表れている。にもかかわらず、日米両政府は普天間飛行場への配備を強行し、反基地感情は臨界点を超えている。万が一事故が起きれば、日米安保はその土台を支える沖縄から掘り崩され、「全基地閉鎖運動に向かわざるをえない」ことが必至だ。敵意に囲まれた、安定性を著しく欠いた在沖米軍基地の運用がつづくことになるだろう。

県民は、経済振興策によって基地受け入れを迫る手法を見限り、外交・安全保障の分野で沖縄の民意を反映した公正で平等な取り扱いを求めている。地域の将来の姿を自らの選択によって決める――。日米両政府の基地押し付け政策の下で、沖縄は民主主義社会で当然のことが許されてこなかった。

基地重圧を放置し、県内で積み増すことへの県民の受忍限度は著しく低くなった。日米両政府から放たれる「負担軽減」の言葉が宿す虚飾を沖縄社会は鋭く見抜いている。オール沖縄の県内移設拒否の民意が揺らぐ気配はなく、沖縄は日本の民主主義の成熟度を問いつづけている。

（松元　剛）

〈参考文献〉琉球新報社『呪縛の行方―普天間問題と民主主義』（琉球新報社、二〇一二年）など

Theme 34

メディアと基地

●言論の自由はあるのか

〔表現の自由の重要性〕

日本は言論の自由があるので、メディアは真実を伝えていると思い込んでいる人も少なくないのではないだろうか。本当にそうだろうか。

憲法二一条では「表現の自由」が保障されている。そして日本では、とりわけ「表現の自由」が重視されて良い歴史的事情がある。第二次世界大戦敗戦まで、メディアに対しては政府や軍部による言論統制《げんろんとうせい》がなされ、メディアは政府や軍の発表を宣伝するだけだった。さらにメディアは戦争を煽《あお》る報道をおこない、あやまった戦争に国民を協力させた。こうした歴史が繰り返されないためにも表現の自由が保障される必要がある。そして、国のあり方を決める国民に正確かつ適切な意見や情報を提供し、「権力の監視」「社会の木鐸《ぼくたく》」という役割を期待されるのが、新聞やテレビなどのメディアである。ところが実際にメディアはそうした役割をはたしているのか。「権力の監視」ではなく、「権力の忠実な番犬」となっていないだろうか。基地被害の多い沖縄では、とりわけ中央メディアのあり方に不満が述べられている。なぜか。

【ポイント】
メディアは本来、主権者である国民に対して適切な情報と意見を提供し、「権力の監視」「社会の木鐸」としての役割を果たすことが期待されている。しかし、現在の大手メディアの多くはそうした役割を果たしておらず、日米両政府の立場を宣伝している。

〔普天間基地返還問題に関して〕

たとえば最近の大問題である「普天間《ふてんま》基地返還問題」について。実はアメリカでも、日本からの撤退論も少なくない。たとえば「沖縄に一万五千人もの海兵隊は必要ない。彼らは六五年前に終わった戦争の遺物だ」（ロン・ポール下院議員発言）、「中国脅威論は予算がほしい国防総省のでっち上げ。沖縄に海兵隊は必要ない」（チャルマーズ・ジョンソン元日本政策研究所長）など。アメリカのメディアではこうした発言が紹介されている。

ところが日本の大手メディアではこうした議論はほとんど紹介されない。それどころか、辺野古《へのこ》への移設は決まったことであり、変更しようとしたので日米関係が危機になった、

THE YOMIURI SHIMBUN
讀賣新聞
2009年（平成21年）12月5日土曜日
米、普天間継続使用も
長期化なら「グアム移転に影響」
日本側に警告
不誠実 なじる米大使
暗雲 日米同盟

●— 2009年12月5日付『読売新聞』

アメリカが怒っている、早く辺野古《へのこ》への移設を急げ、との大合唱になっている。たとえば「日米関係の基礎は安保条約であり、日本が基地を提供するのは不可欠の要件」との社説。この社説、日米安保に肯定的とされる『産経新聞』や『読売新聞』の社説ではない。日米安保体制に批判的とされてきた『朝日新聞』の社説（二〇〇九年一二月一〇日付）だ。

こうした状況に対して、たとえば二〇一〇年七月三一日付『沖縄タイムス』は「メディアは米軍普天間飛行場の移設問題をめぐる米側の懸念を伝えながら『同盟危機』を繰り返し報じた。そして普天間問題は、『県内移設』で早くけりをつけろ、という切り捨て論が強まった」と大手メディアを批判する。「日本国政府から、もし『沖縄から出て行ってくれ』と言われれば、我々は出ていきますよ、それも速やかに」（リチャード・ローレス元米国防副次官）とのように、日本政府から米軍や基地の撤退を求められたら受け止めようという姿勢はアメリカの有力者にもある。メディアに求められているのは、冷戦期にソ連を仮想的とした「日米安保体制」が冷戦終了後の現在の日本に必要なのか、かりに日米安保に肯定的な立場をとるにしても、現在のように在日米軍基地機能を強化する政策が本当に適切なのか、沖縄へ米軍基地を集中させること、普天間基地の移転先として辺野古が本当に適切なのか、いままで基地被害に苦しんできた沖縄県民の思いをどのように政治に反映させるかといった議論を提供することではないのか。

ところが大手メディアはそうではない。「不誠実なじる〔ルース〕米大使」（二〇〇九年一二月五日付『読売新聞』）、「米本国は怒っている」（二〇〇九年一二月七日付『毎日新聞』一面の大見出し）、「米国務長官　異例の大使呼び出し」（二〇〇九年一二月二二日付『読売新聞』夕刊）とのように、アメリカの有力者が普天間問題で怒っている、そして日米同盟が危機に陥っている、だから早く辺野古への移設を急ぐべきとの論調でメディアは報じている。しかし、沖縄県民は米軍や米軍人による事件、事故、騒音や環境汚染によって長年にわたり苦しめられてきた。そうした苦しみから解放されたいとの思いから「普天間基地返還」を求めてきた。一体メディアはどちらの立場にたった報道をしているのか。

実際、多くの大手メディアはそうした沖縄の人の思いを代弁するのでなく、辺野古への基地建設が必要という、日米両政府の立場を擁護した報道をしている。しかも、ルース駐日大使もクリントン国務長官も怒ったわけではないとの情報もある。そうであれば、不正確な情報を流して国民を欺《あざむ》くメディアとはいったい何なのか。かりに怒っていたとしても、メディアが擁護すべきはアメリカなのか。それとも基地の存在に苦しめられてきた沖縄県民なのか。最近は「普天間基地返還問題」との見出しでなく、「辺野古移設計画」との見出し、辺野古移設が前提との立場でメディアは報じている。こうして多くのメディアは権力の監視ではなく、政府の宣伝をしている。

〔米兵等の犯罪に関して〕

米軍基地の周辺、とりわけ沖縄では米軍による多くの犯罪が生じている。そうした犯罪報道のあり方はどうか。沖縄で起きている騒音問題や犯罪は、中央のメディアではほとんど取り上げられない。取り上げられても、極めて問題のある報道がなされることもある。ここで二つの事件の報道の状況を紹介しよう。

まず、二〇〇一年に北谷町《ちゃたん》で起きた米兵による強かん事件。雑誌『週刊新潮』は強かんの被害者に対して繰り返し中傷記事を掲載した。那覇地検の次席検事は、被害者と加害者は犯行前には会っていないと記者会見で明言しているが、『週刊新潮』七月一九日号では、被害者女性と加害者米兵が交際していたという、事実に反する記事が掲載された。写真週刊誌『FRIDAY』の女性記者は被害者女性に取材をしたが、その時に「(告訴は)お金目当てでしょう」「真紀子《まきこ》さん(田中真紀子外務大臣)も言っていたけど、あんな時間にお酒を飲んでチャラチャラしている女性にも問題があるんじゃないか」などと発言した。こうした取材や誤った報道への抗議の意味を込めた「手記」が七月二四日に発表された。その手記に関して『週刊新潮』八月一六日号では、「あまりにも軽率な手記を発表して、周囲を唖然とさせている」、「(手記の)内容は泣きごとに近いものばかりで、目前に迫った刑事事件の重みを本当に理解しているのか疑われてしまいます」などと記されている。『週刊新潮』九月六日号では、被害女性がメディアから隠れるために身を隠していた場所などを記事にした。

つぎに、二〇〇八年の女子中学生への強かん事件。この事件でも、『週刊新潮』二〇〇八年二月二一日号は「『危ない海兵隊員』と分かっているのに暴行された沖縄『女子中学生』」との見出しの記事で、被害にあった女子中学生を批判している。二〇〇八年二月一三日付『産経新聞』でも、「米軍基地が集結する沖縄である。夜の繁華街で米兵から声をかけられ、バイクに乗ってしまう無防備さ。この基本的な『しつけ』が徹底していなかったことは無念、という以外にない」との記事が掲載された。こうした報道で女子中学生への中傷がネット上にあふれた。そのために女子中学生は告訴を取り下げた。

ここでメディアの役割を考えてみたい。性犯罪の被害は極めて深刻である。にもかかわらず、被害者の心の傷口に塩を塗り込むような報道がメディアの役割か。その上、こうした「メディアリンチ」「ネットリンチ」の状況を目の当たりにすれば、かりに犯罪の被害者となっても、犯罪被害を告訴するのをためらうようになろう。犯罪被害者が告訴できなくなれば、犯罪は増加しよう。そうした社会をもたらすのがメディアの役割か。犯罪報道でほんらいメディアに求められているのは、犯罪予防、再犯防止のための議論の提供ではないのか。そして、米軍人などによる犯罪が減らない原因が日米地位協定にあれば、地位協定の問題点を指摘し、改正や廃棄を含めた世論喚起《よろんかんき》をおこなうこと、日米両政府の対応に問題があれば、その問題点を提起することこそ、「社会の木鐸」「権力の監視」という、メディアが果たすべき役割ではないのか。日米政府の対応や「日米地位協定」に批判が集まらないようにするため、被害にあった女性をメディアが中傷するのであれば、まさに「権力の番犬」であろう。

原発報道で明らかになったように、現在の日本では一部の良心的なジャーナリストを除き、「権力の監視」「社会の木鐸」という役割を果たしていない。むしろ権力者の政策は正しいと国民に思わせる「マインドコントロール」をおこなっている。私たちが主権者として国のあり方について適切な判断を下すためには、不正確な情報を流すメディアの情報を鵜呑みにせず、主体的に情報を判断する「メディア・リテラシー」を身につける必要がある。

（飯島滋明）

〈参考文献〉浅野健一『メディア規制に対抗できるぞ！　報道評議会』（現代人文社、二〇〇二年）、塩川喜信編『沖縄と日米安保』（社会評論社、二〇一〇年）

Theme 35

●撤去・縮小の絶好のチャンス

政権交代と米軍基地

【ポイント】
基地撤去を掲げた野党が選挙で勝ち政権交代が実現すると、アメリカもその要求をそうかんたんには拒否できない。民主主義という建前を尊重せざるをえないからである。

〔基地配備に脅威の政権交代〕

日本にいると、米軍基地は何十年も安定して存続しているように思えるが、はたしてそうだろうか。独立国に外国の軍隊が駐留するのはかなり不安定なものであり、不安定化する大きな原因が受入国での政権交代である。そこには植民地の独立や独裁政権が倒れて民主化されることも含まれる。

在日米大使特別補佐官も勤めたこともあるアメリカの研究者のケント・カルダーは、世界に展開する米軍基地についての研究をまとめ、その中で、政権交代があった場合、「外国軍が自主的もしくは強制によって撤退する確率は、八〇％を超えている」とし、また「米軍撤退を強いられなかったとしても（中略）、基地使用料が高騰する。また、新政権のために、部隊配備に関して、運用上の大幅な制約を課せられる。核兵器使用能力のある部隊の配備を制限され、制約の多い地位協定に縛られ、イスラエルのような第三国への経由地に使うことを禁じられ、都市もしくは郊外への配置を削減される」と、駐留している外国軍には不利になることを指摘している。海外基地はけっして安定した存在ではなく、「砂上《さじょう》の楼閣《ろうかく》」という表現を使って、そのもろさを表現している（『米軍再編の政治学』）。カルダーは海外の米軍基地を肯定している人物なので、政権交代を危惧しているのだが、逆の視点から見ると、政権交代こそ基地撤去・縮小の絶好のチャンスとも言える。

〔基地撤去縮小の具体例〕

ここに示した表は、カルダーが示したデータを基に、受入国の政権交代と基地撤去との関連を示したものである。イギリスやフランスの場合、植民地の独立あるいはその後の政権の要求により基地を撤退させられたケースが多い。たとえばフランスの植民地だったモロッコには、アメリカはフランスと交渉してソ連南部を核攻撃するための空軍基地を置いてい

表　政権交代と基地撤去

政権交代にともなう受入国の意向による撤退	米軍	ジャマイカ 1960　モロッコ 1963　ギアナ 1966　トリニダードトバゴ 1967　リビア 1969　南ベトナム 1975　バーレーン 1977　エチオピア 1977　バルバドス 1979　イラン 1979　フィリピン 1992　パナマ 1999　エクアドル 2009
	英軍	エジプト 1954　セイロン 1956　イラク 1958　ケニア 1964　南イエメン 1967　マルタ 1979　バヌアツ 1980　香港 1997
	仏軍	インドシナ 1954　モロッコ 1956　ギニア 1959　アルジェリア 1962　マダガスカル 1975　バヌアツ 1980　ルワンダ 1994　中央アフリカ 1994
	ロ軍	ハンガリー 1991　チェコスロバキア 1991 ほか 10 カ国 1992-1999
戦略的撤退（政権交代なし）	米軍	フランス 1966　台湾 1973　タイ 1976　サウジアラビア 2003
	英軍	ヨルダン 1957　南アフリカ 1962　リビア 1966　マレーシア 1967　シンガポール 1967　ベリーズ 1994
	ロ軍	エジプト 1972　キューバ 2001　ベトナム 2001
基地維持（政権交代にかかわらず適応に成功）	米軍	ポルトガル 1974【ギリシア 1975】【スペイン 1975】【トルコ 1983】【韓国 1998】　キルギス 2005　日本 2009
	ロ軍	モルドバ 1992　アルメニア 1995　グルジア 1995

（出典）ケント・E・カルダー，377-378 頁，を基にしながら一部追加・修正して作成．林博史『米軍基地の歴史』173 頁より

（注）下線は受入国の要求も要因と見られる例．【　】は基地は維持されたが受入国政府の要求により基地縮小がなされた例

たが、モロッコが独立すると米軍基地を自由に使えなくなり、結局、米軍は撤退せざるをえなくなった。ロシアの場合はソ連の解体による冷戦体制の崩壊という要因が大きい。

　フィリピンと韓国については別項で紹介したので（→㊱基地を撤去・縮小させた国々）、ほかの国を取り上げると、タイでは、一九五七年からの軍事政権の下で、米軍基地を提供し、ベトナム戦争中には五万名の米軍が駐留、米軍は北ベトナムに対する爆撃やラオスへの秘密戦争の拠点としてタイを利用した。しかし七三年一〇月に学生革命によって軍事政権が倒れ民主化が実現した。その後、社会行動党のククリット首相は、駐留米軍の排他的な刑事裁判権などの改定を要求して強い姿勢で対米交渉を進めたため基地協定を延長することができず、米軍は七六年までに撤退を余儀なくされた。

　イランでは民主的に選ばれた政権が石油の国有化を実行しようとしたのに対し、一九五三年にアメリカがクーデターでその政権を倒し、そのあとにパーレビー王朝を復活させて独裁政権を樹立し基地を維持したが、一九七九年のイラン革命によって追い出

された。

　スペインではフランコ独裁政権がつづいていたが、独裁政権を支援する見返りに米軍基地を確保していた。しかしフランコ政権が倒れたのちの一九七七年に四一年振りに総選挙が実施され民主化に向けた動きが進んだ。一九八二年には社会労働党が政権をとり、八八年社会労働党のゴンザレス首相はマドリード郊外のトレホン空軍基地の閉鎖を要求し、その結果、九六年に閉鎖を勝ち取った。かつては一万名を超えた駐留米軍は、今日では一〇〇〇名余りと一〇分の一に縮小している。

　ギリシヤでは、軍事政権が倒れ、さらに七四年には君主制が廃止され、一九八一年に全ギリシヤ社会主義運動党が政権を握った。同党のパンパドレウ首相は八八年にアテネ近郊にあったヘレニコン空軍基地の閉鎖を要求し、結局閉鎖された。その後、ギリシヤの米軍基地はクレタ島の海軍基地に限定されるようになった。

　最近の例を紹介すると、南米のエクアドルでは一九九九年から一〇年間の基地貸与協定を結んで米軍がマンタ空軍基地を利用していたが、二〇〇六年に基地撤去を掲げたコレア大統領が選挙で当選、〇八年には国民投票によって外国軍基地設置を禁止する新憲法が承認された。国民投票の直前にコレア大統領は協定を更新しないことをアメリカに通告していた。こうした国民の意思にもとづいたエクアドル政府の要求により、〇九年九月に米軍基地を撤去させた。エクアドルは人口一四〇〇万人ほどの小さな国だが、選挙と国民投票に示された国民の意思にもとづいた要求にアメリカは退くしかなかった。

　基地ではないが、ニュージーランドでは一九八四年に労働党政権が誕生し、翌年、核兵器を持っているかどうかを明示しない米艦船の寄港を拒否する措置をとった。そのため米軍の艦船・航空機は寄港ができなくなった。八六年八月にアメリカはアンザス条約の軍事協力を停止する措置をとったが、翌八七年にはニュージーランド議会は核通過を禁止する法的措置を取りアメリカの圧力に屈せず、非核国としての道を選択した。

〔絶好の好機だった民主党政権の誕生〕

　日本について考えると、二〇〇九年の民主党政権の誕生は、米軍基地撤去、少なくとも縮小にとって絶好の機会だった。民主党党首として選挙前から普天間《ふてんま》海兵隊航空基地の県外国外移設を主張していた鳩山由紀夫《はとやまゆきお》が選挙で勝って首相になったのだから、それを米政府に要求するのが、民主主義の手続きからすれば当然のことだった。

普天間基地が国外移設されれば、海兵隊の多くは日本から出て行くことになっただろう。県外移設であれば、少なくとも沖縄に海兵隊が駐留する意味はなくなり、沖縄の米軍基地は大幅に縮小したことは間違いない。そもそも海外で海兵隊の駐留を受け入れている国は日本しかないので、どの国も受け入れない海兵隊は出て行ってくれと要求するのはごく自然なことである。

ところが鳩山首相の足を引っ張ったのは日本の外務省だった。ウィキリークスが暴露した米政府の資料によると、外務官僚らが米政府関係者に対して、鳩山政権のことを「愚《おろ》か」と中傷し、普天間問題などで（米政府は）「あまり早期に柔軟さを見せるべきではない」「過度に妥協的であるべきではない」と鳩山首相の要求を拒否するように求めていた。

また海兵隊の一部グアム移転にあたってその経費の六六％も日本側が負担する取り決めをしたが、日本側の負担割合を低く見せるために、移転とは関係ない経緯を上乗せしていたことも明らかにされた。つまり日本の外務省が、日本のためではなくアメリカの利益を第一に考えて行動していたのである。さらにほかの民主党幹部たちや自民党、ほとんどのマスメディアもアメリカの宣伝機関としか言いようのない態度で、基地縮小を目指した鳩山首相を引きずりおろした。米軍基地縮小を阻んだのは米政府というよりは日本国内の抵抗勢力だった。

もし外務省や民主党が鳩山政権を支え、代替施設建設なしの普天間飛行場の撤去、さらには沖縄の海兵隊全体の撤退を日本政府が主張していれば、海兵隊の撤退あるいは少なくとも普天間基地撤去の実現は十分に可能であったと思われる。基地撤去だけではなく、米軍に有利な地位協定の改定や、日本側の駐留経費負担の軽減など日本の要求を実現する好機でもあった。

アメリカはけっして独裁国家ではなく、自由と民主主義を建前《たてまえ》とする国である。だから、野党が米軍基地の全面撤去あるいは縮小を公約に掲げて選挙で勝利し政権についた場合、国民の声をバックにした新政権の要求をまったく拒否することは難しい。だからこそ政権交代は基地撤去あるいは少なくとも基地縮小の絶好のチャンスなのである。（林　博史）

〈参考文献〉林博史『米軍基地の歴史』（吉川弘文館、二〇一二年）、ケント・カルダー『米軍再編の政治学』（日本経済新聞社、二〇〇八年）

Theme 36

●どうすれば減らせるのか
基地を撤去・縮小させた国々

【ポイント】
冷戦の終結後、海外に駐留する米軍は半減、基地を完全に撤去させた国も少なくない。民主的な手続きによって受入国政府が撤去縮小を要求すれば、米政府も拒めない。

〔減少する米軍基地〕

ある一つの米軍基地を撤去してほしいと頼むときにはその代替施設を提供しなければいけない、まして米軍基地すべてをなくすなど不可能だ、日本は戦争で負けたのだからアメリカの言うことを聞かなければならないのは仕方がない、と戦後六〇年以上がたっているにもかかわらず、そう思い込んでいる人も少なくない。果たしてそうだろうか。

まず次頁の表を見てほしい。地域別に見ると米軍基地の数は増減がある。たとえば太平洋地域を見ると冷戦初期の一九五〇年代に比べて、七〇年代から八〇年代においても半数以下に減っていることがわかる。南アジアはその中心国であるインドなどが非同盟、つまり米ソのどちらにもつかないという政策を採ったこともあり、米軍基地はなくなっている。中南米やアフリカ中東も大きく減少している。この数字はまだ冷戦がつづいていた時期のものである。

冷戦終結時の一九九〇年の時点で海外に駐留していた米軍は六〇万人あまりだったが、二〇年後の二〇一〇年末には二九万人（イラクとアフガニスタンを除く）と半減している。主な国ではドイツは二二万から五万、韓国は四万一〇〇〇から二万四〇〇〇、イギリス二万五〇〇〇から九〇〇〇、イタリア一万四〇〇〇から九七〇〇、スペイン六九〇〇から一三〇〇、トルコ六九〇〇から一四〇〇と大きく減少させている。他方、日本は四万六〇〇〇から三万五〇〇〇（これに第七艦隊を含むと一万人ほど多くなる）と減り方が少ない。

〔基地がなくなった理由〕

米軍基地が撤去された例を見ると、米軍の戦略上の都合で出て行くケースもあるが、受入国の要求によって出て行くケースも少なくない。米軍が追い出されたケースで多いのが、英仏などの植民地においていた基地が、独立した政府から出て行くように要求され、撤退したケースである。アフリカ中

表　地域別時期別基地数

年　次	1947	1949	1953	1957	1967	1975	1988
ヨーロッパ	506	258	446	566	673	633	627
太平洋	343	235	291	256	271	183	121
中南米	113	59	61	46	55	40	39
アフリカ中東	74	28	17	15	15	9	7
南アジア	103	2	0	0	0	0	0
計	1139	582	815	883	1014	865	794

（出典）Blaker, James R., *United States Overseas Basing : An Anatomy of the Dilemma* (New York : Praeger, 1990), p.33.

東の多くはこれにあたる。外国軍の駐留は従属の象徴でもあるので、独立を勝ち取った政府は当然、米軍の撤退を要求する。民衆の力で独立した新政権の要求を拒むことは米政府といえどもできない。

もうひとつが政権交代によるものであり、その事例も多い（→㉟政権交代と米軍基地）。

基地ではないが、たとえば日本は二〇〇一年にテロ対策特別措置法（二年の時限立法で二年ごとに延長）を制定してインド洋に自衛艦を派遣し米軍などに給油をおこなった。しかし参議院で多数を占めた民主党など野党の反対によって、その延長ができず法が失効し撤退した。このときも給油を打ち切るとアメリカとの関係が損なわれるという脅しが自民党などからなされたが、国会の判断に基づく撤退について、米政府はこれまでの給油活動への感謝の言葉を述べただけで、それ以上のことは何もなかった。アメリカは決して独裁国家ではなく民主主義的な手続きは尊重せざるをえないのである。

〔基地撤去の例〕

米軍は受入国の世論にも敏感なところがある。受入国政府や基地周辺住民の反感が強いと、いざというときに基地が十分に機能できなくなるからである。基地反対運動が高まると、アメリカは受入国の対米感情が悪化することを恐れて基地を撤去することがしばしば見られる。一九五〇年代に日本本土から地上軍を撤退させたこともそのひとつである。

近年では、韓国で一九八〇年代に民主化が進み、一九九一年にソウルにあるヨンサン基地閉鎖について合意がなされた。九八年からは民主化運動の勢力を基盤とする金大中《キムデジュン》政権と盧武鉉《ノムヒョン》政権がつづき、そのなかで米軍基地反対運動が高まった。特に梅香里（メヒャンニ）米空軍射爆場が、誤射誤爆や騒音などによって周辺住民に深刻な被害を及ぼしていたため反対運動が激化し、その結果、米軍は二〇〇五年にこの射爆場を閉鎖した。

アメリカの海外領土であるプエルトリコでは一九三八年からビエケス島の土地を強制収用して射爆場を設置し、ここで

●―クラーク元空軍基地．現在は民間空港として使用

は実弾演習によって深刻な環境破壊や周辺住民の健康被害を引き起こし、反対運動がつづいていた。特に九九年四月に民間警備員が戦闘機の爆弾で死亡したことは反対運動をいっそう強めた。その結果、二〇〇一年六月ブッシュ大統領は射撃演習の全面停止を発表、〇三年にはビエケス全島から撤退した。基地反対運動はそれが広がりを見せると、米政府の政策を左右する大きな影響力を持つことがいくつもの例で実証されている。

米軍基地の全面撤去を実現したひとつの例がフィリピンである。長年続いていたマルコス独裁政権が一九八六年の革命で倒れアキノ政権が生まれた。そうした中で、二五年の期限切れを迎えた基地協定の延長が国会で審議され、九一年九月フィリピン上院は協定案を否決した。この結果、クラーク空軍基地やスービック海軍基地を含め米軍基地はすべて撤去された。その背景にはピナツボ火山が噴火し、両基地が火山灰に覆われて一時使用不能になったこともあるが、クラークは極東で第二の空軍基地、スービックはハワイ以西で最大の海軍基地と言われ、一九七七年に国防総省は「スービック基地なしでは、第七艦隊は現在の部隊レベルと作戦有効性を維持することはおそらくできないだろう」とその必要性を強く主張していた。しかしフィリピン国会の決定にはしたがわざる

をえなかったのである。

〔基地縮小の可能性〕

どのようにして米軍基地を撤去させるのか、いくつかの可能性があることがわかる。ひとつの基地への反対運動が国民的な関心、共感を集めることができれば、米政府も軍も受入国全体を敵に回し、ほかの基地の使用が阻害されることを恐れて、基地撤去に踏み切ることがある。また受入国の民主的な手続きにしたがって、受入国政府が堂々と要求するのが最もよい。受入国政府が国民の生命と安全を考えて、核兵器の持込みや米軍の基地使用に制限あるいは注文をつけると、そうした制約をきらって米軍の方から出て行くこともある。受入国民の生命安全と米軍の行動の自由とは、背反するものだからだ。

米軍が全部いなくなることに不安を感じる人も少なくないかもしれない。仮に米軍基地の存在を認めるとしても、日本は狭い国土に過重に集中しすぎではないかという疑問は当然起きる。米空軍基地は嘉手納《かでな》、横田、三沢の三ヵ所があり、いずれも世界でトップクラスの巨大基地である。これは一ヵ所に減らすことは十分に可能だろう。米軍は一ヵ所だけだと、そこが破壊されたりして使用できなくなった場合のことを考えているが、その場合は航空自衛隊基地を利用させることで代替は可能だろう。海軍についても横須賀《よこすか》と佐世保《させぼ》の二つの軍港と海軍航空隊の厚木《あつぎ》基地がある。軍港はひとつにまとめられるだろう。また空母の母港を引き受けている国は世界の中で日本だけしかなく、母港を引き受ける義務はない。母港を断れば、厚木基地もいらなくなる。海兵隊については、その戦闘部隊の基地を受け入れている国は日本しかなく、しかも日本の防衛とは関係ないことは多くの軍事専門家も認めていることであり、とりわけ沖縄に過重の負担をかけているので、海兵隊には日本から立ち去ることを求めるのは、国民の生命安全を守るという日本政府の立場からはごく当然の要求だろう。普天間《ふてんま》基地のように住宅密集地の真ん中にある飛行場は危険このうえないものであり、この撤去を求めるのは普通の政府であれば当然の義務である。海兵隊に帰ってもらえれば、沖縄の基地だけでなく岩国《いわくに》基地もいらなくなる。

要するに問題は、日本政府が国民の生命安全を確保するという観点に立って、正々堂々と基地撤去・縮小の要求をするかどうかにかかっている。日本で基地縮小がなされない最大の障害は、日本政府そのものにあると言える。（林　博史）

〈参考文献〉林博史『米軍基地の歴史』（吉川弘文館、二〇一二年）

Theme 37

●「守る」とは何を意味するのか

基地を正当化する軍事理論

【ポイント】
米軍基地の存在は、「抑止力」を提供し、日本の安全を守るという文脈で正当化されてきた。しかし抑止力そのものの実態は不明である。むしろ、抑止力への依存は軍拡競争を生み、私たちの安全を脅かしてきたと言える。

〈実態の見えない「抑止力」〉

在日米軍が駐留しているからこそ、日本の平和と安全が保たれている。もしアメリカの軍事力の後ろ盾がなくなってしまえば、近隣諸国から日本への圧力は相当に高まるに違いない――。とりわけ近年の不安定な東アジア情勢を背景に、こうした論調がますます幅を利《き》かせている。しかし実際はどうなのだろうか。

米軍基地の存在は、私たちの安全を守るという文脈で正当化されてきた。確かに、日米安保条約には、米軍駐留の目的として「日本国の安全に寄与し、並びに極東における国際の平和及び安全の維持に寄与するため」（第六条）と書かれている。日米両政府は一貫して、日米同盟が日本の国土防衛や地域の安定に必須である、と繰り返してきた。日本の安全のためには米軍の存在に頼らざるをえないという考えは、日本を取り巻く状況に対する漠然とした不安感を背景として、広く一般市民にも浸透している。二〇一〇年一一月のNHK世論調査においては、現在の国際情勢の中で日本の安全が脅かされていることになんらかの不安を感じている人が八割を超え、また、日米安保によって「（過去五〇年にわたり）日本の安全が守られた」と考えている人が八割近くに達した。

では「日本を守る」とは何を意味するのか。この問いに対する答えとして頻繁に耳にするのが「抑止力《よくしりょく》」という言葉である。日本の安全保障に関する基本方針を示した『平成二三年度以降に係る防衛計画の大綱』は、日本駐留の「米軍の軍事的プレゼンス」が「地域における不測の事態の発生に対する抑止及び対処力として機能」しており、「アジア太平洋地域の諸国に大きな安心をもたらしている」と説明する。現在の普天間移設の議論においても、政府は一貫して「抑止力の維持」と「沖縄の負担軽減」の二つの名目を掲げて県内移設を推進してきた。このように、「抑止力」は、基地をめぐる国内議論において人々に基地負担を容認させる論拠として頻繁に登場してきた。

しかし実際のところ、この「抑止」という概念は非常にあいまいである。それが具体的にどのような軍事力を指すのか、また、どのように機能しているのかといった議論や定義づけが十分になされないまま、言葉だけが独り歩きしてきたと言っても過言ではない。鳩山由紀夫《はとやまゆきお》首相（当時）が、「在沖海兵隊の抑止力」を理由に普天間《ふてんま》基地の県外移設方針を撤回したことは人々の記憶に新しい。「抑止力」という言葉はしばしば「マジックワード」と表現される。中身の議論が不存在のままで、現状容認と思考停止を招いてきたことに対する批判である。

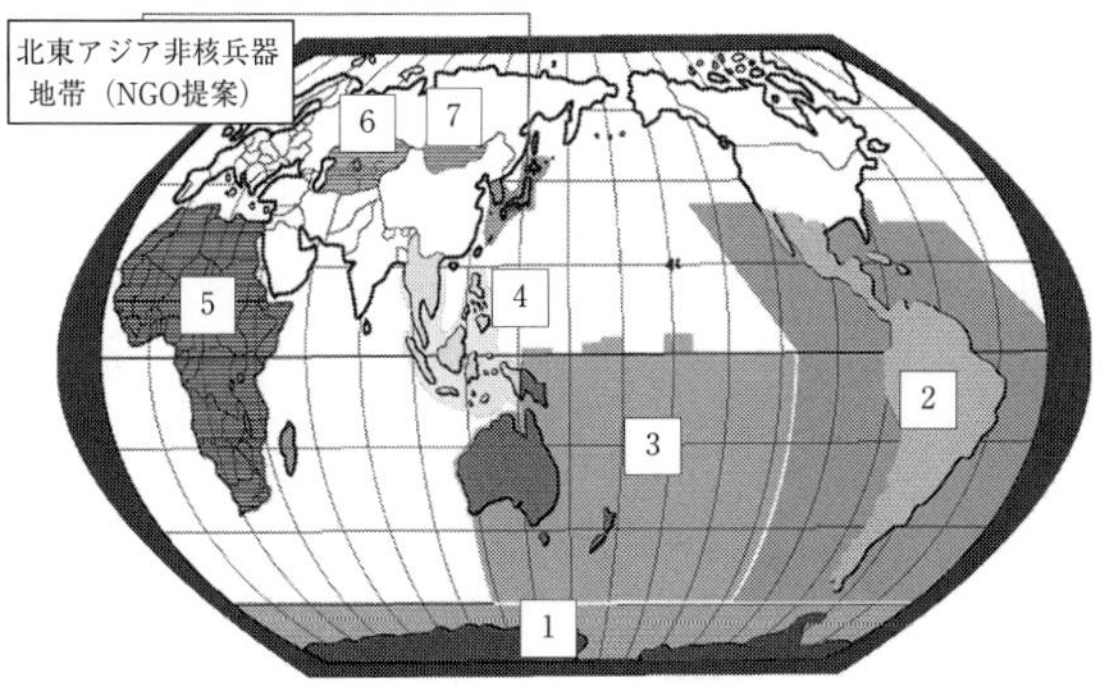

●—世界の非核兵器地帯（ピースデポ提供）

(1) 南極条約, (2) ラテン・アメリカおよびカリブ地域における核兵器禁止条約（トラテロルコ条約）, (3) 南太平洋非核地帯条約（ラロトンガ条約）, (4) 東南アジア非核兵器地帯条約（バンコク条約）, (5) アフリカ非核兵器地帯条約（ペリンダバ条約）, (6) 中央アジア非核兵器地帯条約（セミパラチンスク条約）, (7) モンゴル非核兵器地帯地位＊

※国連等で使われる用語は「非核兵器地位」(nuclear-weapon-free status) であるが, 他の非核兵器地帯の持つ国際的要件（とりわけ消極的安全保障）を持つ権利を有しているとの主張を込めてこう呼ぶ

〔核抑止論〕の発展

一般的に「抑止」とは、一国あるいは複数の国家グループが軍事力を背景とした威嚇《いかく》をおこなうことで、相手にある行動をとることによってもたらされるコストが、その利益を上回ることを認識させ、結果として相手にその行動を思いとどまらせること、と定義される。「抑止」が機能するためには、一定の条件が満たされていなければならないとされる。すなわち、①抑止する側に軍事的対応を実行する意図と能力があること、②そうした意図と能力に信頼性を持たせるために、想定される攻撃のレベルに応じた様々な能力が整備されていること、③抑止する側の意図と能力が相手側に正しく認識されていること、である。

「抑止」の概念は人類の歴史とともにあると言って良いほど古く、その意味するところは軍事的なものに限らない。しかし、そうした概念の確立と発展は、米ソが熾烈《しれつ》な競争を繰り広げた冷戦期の核戦略と密接に結びついている。一九五〇年代、未曾有《みぞう》の破壊力を持つ水爆が登場したことで、核戦争による人類滅亡のシナリオが現実味を帯びていった。戦えば共倒れになるという恐怖から、米国では軍備管理の思想とともに核抑止という考え方が強調され、「相互確証破壊」（MAD）理論が誕生した。敵対国の双方が先制攻撃を受けても相手を確実に破壊できる報復能力を持つと認識することで、実際の核兵器の使用を思いとどまり、結果的に核戦争が回避されるというものだ。「ビンの中の二匹のサソリ」にもたとえられる、こうした米ソの「恐怖の均衡」の下で、全人類を何度も殺戮《さつりく》できるほどの大量の核兵器の開発・保有が正当化された。冷戦が終わった今も核兵器使用をちらつかせた威嚇《いかく》はつづいている。

〔日本と「核抑止力」〕

このような国際的な核軍拡を背景とした抑止理論の確立を背景に、日本においては、一九六六年の「第三次防衛力整備計画」防衛政策の中ではじめて「抑止」という言葉が登場した。その二年後の一九六八年一月の第五八回衆議院本会議では、当時の佐藤栄作《さとうえいさく》首相が核政策にかかわる四項目を次のように挙げた。以後、これらが日本の核の基本方針とされている。

第一は核兵器の開発、これは行わない。また核兵器の持ち込み、これも許さない。また、これを保持しない。いわゆる非核三原則でございます。（中略）

第二は、核兵器による悲惨な体験を持つ日本国民は、核兵器の廃棄、絶滅を念願しております。しかし、現実問題としてはそれがすぐ実現できないために、当面は実行可能なところから、核軍縮の点にわれわれは力を注ぐつもりでございます。（中略）

第三に、平和憲法のたてまえもありますが、私どもは、通常兵器による侵略に対しては自主防衛の力を堅持する。国際的な核の脅威に対しましては、わが国の安全保障については、引き続き日米安全保障条約に基づくアメリカの核抑止力に依存する。（中略）

第四に、核エネルギーの平和利用は、最重点国策として全力をあげてこれに取り組む。（後略）

広島、長崎の体験から核兵器廃絶努力を謳《うた》ういっぽう、アメリカの核抑止力に依存するという政策の根本的矛盾を指摘する声は多いが、日本政府は一貫して矛盾はないとしている。二〇一〇年の「原爆の日」、当時の菅直人《かんなおと》首相が広島で「広島や長崎の参加を二度と繰り返してはならないという核軍縮への強い思いは共通している。しかし、国際社会では、核兵器をはじめとする大量破壊兵器の拡散の現実もあり、わが国にとって核抑止力は引き続き必要だ」と述べたことは象徴的である。

〔抑止論への批判〕

「抑止」で本当に安全が保たれるのか。これには多くの批判がある。とりわけ指摘されるのは、抑止論のもとでは軍拡競争が不可避である点だ。一国（あるいは同盟国）にとっては「抑止」でも、それは他国にとって軍事的脅威となりうる。たとえば、A国がB国の軍事力に脅威を感じているとしよう。その脅威に対抗しようとA国が自国の軍備拡大や大国との軍事同盟の強化に進めば、当然の帰結として B国は不信を増大させ、対抗措置をとろうとする。結果的にA国への脅威は減るどころか逆に増えてしまう。脅威に備えるための措置が脅威を増幅させるという「負のスパイラル」だ。これが「安全保障のジレンマ」である。

現実主義アプローチの「バランス・オブ・パワー（勢力均衡）」による安定は、敵対する国家の双方が軍事的優位に立とうとした結果の一時的状態に過ぎず、その崩壊は壊滅的な結果を招きうる。冷戦時代に大規模な核戦争が起きなかったことは事実であるが、それは複雑な要素が絡み合った結果であり、核抑止が成功したという証明にはならない。むしろ、当時の証言や証拠は、偶発的であれ意図的であれ、人類が核戦争の一歩手前まで行っていたことを示している。

また、冷戦時代に政権中枢にあった米国の元政府高官からも、テロを中心とした二一世紀型の脅威に対して核抑止力がもはや時代遅れであるとの主張がなされている。テロ組織のように誰が、どのような形で攻撃してくるかがわからない状況においては、相手側に報復を避けたいとの合意的判断を求める抑止の概念は通用せず、むしろ前述のように周辺諸国への軍事的脅威として不安定化を招くという負の影響が大きい。そして何よりも、抑止論に内在する「非人道性」が指摘されるべきであろう。核抑止戦略に依存することは、危ういバランスの上に何百万、何千万もの一般市民の生命を「人質」として差し出していることに等しい。

前述の「安全保障のジレンマ」構造は、北東アジアにおいても顕著である。冷戦が終結して二〇年以上たつ今も、北東アジアの地においては冷戦構造そのままに、各国間の根深い不信と対立、そして軍拡という悪循環がつづいている。多くの人々が北朝鮮のミサイルや核開発が地域の不安定要因であると指摘するが、その「脅威」に対して、米国への核兵器依存を基礎に日本が自国の平和と安全をえようとの安全保障政策をとりつづければ、相手が同じ論理で核・ミサイル開発を進めることを阻止できない。対立構造を乗り越える思考の転換が必要と思われる。

（中村桂子）

Theme **38**

●日米同盟で安全は守られるのか
敵を作らない安全保障の理論

【ポイント】
日本をとりまく安全保障環境はきわめて不安定であると言われる。北朝鮮の核開発問題は解決の目途が立たず、中国は軍事力増強の一途をたどり領有権問題をめぐっての国際関係も大きく揺らいでいる。日本国内においては、日米同盟の深化を含めた軍事力の維持拡大が重要であるとの主張が根強いが、本当に日本の安全は守られるのだろうか。

〈「敵」は作られる〉

一国が軍備を保持し、増強することを正当化するためには、「敵」の存在がなくてはならない。過去におこなわれたあらゆる戦争がそうであるように、「悪の権化」である敵を「正義」である我々が打倒する、という図式を作り上げることで、戦争には大義名分が付与される。煽《あお》られた敵の「脅威」は、目の前にある自分の生活や安全を犠牲にしてでも戦争遂行に協力することを国民に強いてゆく。そうした外部の強大な敵の存在には、国内政治のさまざまな矛盾やほころびから国民の視線をそらし、政府に対する反発を抑えるという効果もある。各国の指導者層は、こうして国内世論を操作し、軍備増強への莫大な予算配分を可能にした上に、国民を実際に戦場に送り込んできたのである。

同様に、軍事的な同盟関係というものも、そこに共通の仮想敵があってはじめて成り立つものである。言うまでもなく冷戦時代には「ソ連の脅威」が声高に叫ばれてきた。冷戦構造が崩れた後は、地域的な紛争ぼっ発の脅威がそれにとって代わった。そして米国の二〇〇一年同時多発テロ以後の現在においては、地域的な不安定要因に加え、国際的な「テロとの闘い」が軍備拡張の必要性を訴える根拠として登場している。装備や兵員の数において予見可能性のあった国家相手の場合と異なり、テロリストは誰が、どこから、いかなる手段で攻撃をおこなってくるかの見通しが立たない。したがって、テロ対策の名の下で、国家はますますフリーハンドに近い形で軍備増強をおこなうことが可能になっている。

このように、軍備増強を進めようとする国家、またそれによって利益をえる軍需産業等にとって、国際環境における不確実性や不安定性はなくてはならないものである。二〇〇三年のイラク戦争に至る道筋においては、イラクに「大量破壊兵器」が存在すると主張した米英が、あたかもその使用の危機が差し迫っているかのような印象を自国民らに宣伝し、多数の犠牲を生んだ空爆を正当化していったことが記憶に新しいだろう（結果的に重要情報の多くが虚偽や誇張であった）。このような歴史が私たちに教えているのは、「脅威」は作られる、という事実である。日本をとりまく「脅威」についても、その実態を冷静に見極める姿勢が必要であろう。

〔共通の安全保障へ〕

ある国が軍備の増強を進めれば、その国と対立関係にある国家に不安と不信を呼び、同様の行動を誘発してしまう結果となる。これは相手を攻撃する目的の兵器に限らず、ミサイル防衛システムのような「防衛兵器」の場合にもあてはまる。アメリカの欧州ミサイル防衛構想（アメリカはイランを念頭に置いたものだと説明している）がロシア政府の不信と反発を呼び、米ロ間のさらなる戦略兵器削減交渉に歯止めをかけていることからもそれは明らかである。いかなる新兵器やシステムを新たに導入しても、持続的な安全、安心を確保することにはつながらない。したがって、考えるべきは、敵が攻めてきたらどうするか、ではなくて、敵そのものを作らない安全保障の仕組みをいかにつくるか、ということになる。

伝統的な、軍事力依存の安全保障は「ゼロサム・ゲーム」という考え方で成り立っている。すなわち、他国をおさえつけ、その犠牲の上にしか自国の安全を確保できない、というものだ。冷戦終結から二〇数年が経過し、国際政治の枠組みが大きく変化した現在においても、こうした冷戦の残滓《ざんし》ともいえる思考がとりわけ東アジアにおいて根深く残っている。朝鮮半島の核問題をめぐる六カ国協議（米国、ロシア、中国、韓国、北朝鮮、日本が参加）が一進一退をつづけている現状は、こうした軍事力を背景とした外交政策の限界を示していると言えるだろう。必要なことは、「ゼロサム・ゲーム」的思考から脱却し、誰もが安心、安全をえることのできる「共通の安全保障」へと進むことである。

経済の相互依存の深まりは、すでにこれらの国々のあいだに共通の利害関係をもたらしている。大局的、長期的視点にたてば、軍事的対立は各国の利益を損なうものにほかならない。軍事的安全保障の役割を相対的にとらえようとする世界的潮流のなかで、核兵器使用の威嚇と基地配備を柱とする日米同盟がきわめて前時代的な思考にもとづいた存在であることは明らかである。

〔非核兵器地帯という選択〕

しかし、と多くの人が考えるかもしれない。やはりアメリカの「核の傘」がなくては日本の安全が脅かされるのではないか、と。こうした不安はもっともであろう。一般に日本国内においては、「核の傘」依存に対する代案として、日本自身が「核武装」するという選択肢しかないと思われてきたからだ。

しかし世界に目を転じてみると、国連加盟国の過半数である一一二の国々が、「核の傘」でも「核武装」でもない「第三の道」を歩んでいることがわかる。それが「非核兵器地帯化」という選択肢である。

非核兵器地帯という考え方は、それ自体けっして目新しいものではない。世界にはすでに五つの非核兵器地帯（①ラテンアメリカ・カリブ地域、②南太平洋、③東南アジア、④中央アジア、⑤アフリカ）が存在し、南半球の陸地はほとんどすべてが非核兵器地帯である（㊲基地を正当化する軍事理論に掲載の図を参照）。また、南極はそれ自体非核兵器地帯ではないものの、同様の要件を満たしている。モンゴルは国連決議を通じて一国で非核兵器地帯の地位を獲得するというユニークな取り組みをおこなっている。さらに、後述する北東アジア以外にも、中東、南アジア、東欧、北極などにおいて新たな非核兵器地帯を広げてゆこうとの動きが進んでいる。

現存する非核兵器地帯には、共通して三つの特徴が存在する。第一が、核兵器の開発、保有、配備、使用等を禁じるという「核兵器の不存在」である。第二に、地帯内国家への核兵器による攻撃や攻撃の威嚇《いかく》を禁じる「消極的安全保障（NSA）」である。これが非核兵器地帯が「非核の傘」と呼ばれるゆえんであり、地帯内国家が核兵器に依存することなく、国際法に担保された形で安全を確保することを可能にしている。第三に、非核兵器地帯は地帯内国家が相互に条約義務の遵守を確認し、違反等の問題に平和的に対処する「地域機構の確立」をともなう点が重要である。

以上の特徴から、非核兵器地帯はしばしば「理想と実利」を兼ね備えた枠組みと表現される。すなわち、非核兵器地帯とは、「理想」＝「核兵器廃絶というグローバルな共通目標」に向けた地域的努力であると同時に、「実利」＝「核兵器に依存することなく自国の安全をいかに守るのかというリアリスト的な安全保障上の懸念への対応」を可能にするものである。

非核兵器地帯拡大の努力は北東アジアにおいても継続している。冷戦終結を受けた一九九〇年代中ごろから、非核兵器地帯の設立をめざした相当量の研究や政策的提案がなされてきた。日本と南北朝鮮を地理的な非核兵器地帯とし、それを周辺の核兵器国（米国、ロシア、中国）が支持するスリー・プラス・スリーの六カ国条約案はそのひとつである。構想への支持は、日韓の市民社会、超党派の国会議員、自治体などにも拡大している。

　構想そのものが国家レベルでの政策課題として議論の俎《そ》上《じょう》にあがったことはないが、六カ国協議の共同声明（二〇〇五年九月一九日）は、朝鮮半島の非核化のみならず、「北東アジア地域の永続的な平和と安定のための共同の努力」を約束している。北朝鮮の二度にわたる地下核実験をへた今も、国際社会はこの九・一九声明を基盤とした六カ国協議の再開に合意している。

●—6ヵ国協議，共同声明採択（2005年9月19日，毎日新聞社提供）

〔「人間中心」の安全保障へ〕

　「安全保障は国の専管事項」という言葉が象徴するように、軍事力依存の安全保障は「国家の、国家による、国家のための」枠組みにほかならない。いっぽう、一九九四年に国連は「人間の安全保障」という考え方を導入した。これは安全保障を「国家の論理」から「人間の安全保障」へと転換しようという試みである。

　グローバルパワーの利害が地域国家を翻弄してきた東アジアの地において、「人間の安全保障」を推進することにはきわめて大きな意味がある。それは、地域の市民が主役となり、主体的に地域安全保障の在り方を構想し、その実現をめざした努力をおこなうことである。非核兵器地帯の設立に向けた努力はそのひとつの具体例である。私たちは、「敵」の存在を当然とし、安全を守るためには、核兵器を頂点とした軍事力の存在が不可欠であるという呪縛に半世紀にわたってとらわれてきた。しかし、まずは、「敵」の存在を当然とし、安全を守るためには核兵器を頂点とした軍事力の存在が不可欠であるとした、半世紀にわたる呪縛から、私たち一人一人が思考を自由にすることからはじめられるのではないか。

（中村桂子）

Theme 39

●どのように歴史を活かすか
戦争をさせない国際社会の努力

【ポイント】
「平和を欲するなら戦争に備えよ」という金言がある。たしかに人類の歴史は争いと殺戮に彩られてきた。しかし、「戦わずして、人の兵を屈するのは善の善なり」という思想（孫子）も古代からあった。「戦争をさせない国際社会の努力」は、どのように形成され、いまあるのか？

〔歴史に学ぶ〕

残念なことだが、世界史が戦争の累積《るいせき》によって彩られてきた事実を認めないわけにはいかない。歴史の祖・ヘロドトスの『歴史』は、紀元前五世紀前後の「アジアとヨーロッパの争い」から記述がはじまる。ほぼ同時代に書かれた最古の兵書『孫子《そんし》』も「兵は国の大事、存亡の道」と説く。文字に記された最初の歴史書は戦争の記録と戦略の伝授書、いわば、〝ウォーマニュアル〟だった。

それでも、かぼそくではあれ「戦争をさせない国際社会の努力」が連綿とつづいてきたこともまたたしかである。ヘロドトスは「良識ある人が平和を捨て戦いを取ることはありえない。戦時には父が息子を葬り、平和時には息子が父を葬るからだ」と書き、孫子も避戦の重要さを説きながら「怒りは復《ま》た喜ぶべく、慍《いきどお》りは復た悦《よろこ》ぶべきも、亡国《ぼうこく》は復た存すべからず、死者は復た生くべからず。故に明主はこれを慎《つつし》み、良将はこれを警《いまし》む」と全体を締めくくった。

だが、いまだに戦争はなくならない。なぜだろう？　戦争をなくす国際社会の努力はどのようになされてきたのか？　歴史はどうして〝失望の学習〟しか教えないのか？

〔カントとルソー〕

近世において、戦争をなくす努力のみなもとは二人の思想家の頭脳に芽生えた。ドイツの哲学者カントとフランスの啓蒙思想家ルソーである。かりに「カント方式」と「ルソー方式」と名づけよう（ほかに国際法学の立場からオランダのグロティウスを、また経済学の分野ではイギリス人アダム・スミスの名をおなじ文脈で呼びだすこともできる）。

フランス革命直後の一七九五年、カントは『永遠平和のために』と題する小さな本を書いた（岩波文庫で一〇〇ページ少々）。そこでカントは永遠平和の実現に向けた条件として、「六つの予備条項」と「三つの確定条項」を提案した。たと

えば、予備条項には、
・常備軍は、時とともに全廃されなければならない（第三条項）。
・国家の対外紛争にかんしては、いかなる国債も発行されてはならない（第四条項）。
・いかなる国家も、ほかの国家の体制や統治に、暴力をもって干渉してはならない（第五条項）。

が挙げられ、そのうえで「国家間の永遠平和のための確定条項」三つがしめされる。
・第一。各国家における市民的体制は、共和的でなければならない。
・第二。国際法は、自由な諸国家の連合制度に基礎を置くべきである。
・第三。世界市民法は、普遍的な友好をもたらす諸条件に制限されなければならない。

それぞれに簡潔な説明がくわえられているが、カントは、人間の歴史が永遠平和の方向に向かって進んでいることを確信しつつ、同時に、実現のための努力を人間の道徳的義務としなければならないとした。各条項を読むと、かれの脳裏には二〇世紀になって成立する国際連盟や国際連合、さらにはEU（欧州連合）のような国際社会が構想されていたようだ。

いっぽうのルソーは、有名な『社会契約論』（一七六二年、邦訳、白水社版）のなかで、「人間は自由なものとして生まれたが、しかもいたるところで鉄鎖《てっさ》につながれている」と書きだし、自由の見地から戦争＝軍隊を考察しながら、戦争に隷《れい》属《ぞく》させられる人間＝兵士の権利を論じた。かれの論旨は、
・戦争は人と人との関係ではなく、国家と国家の関係であって、そこにおいて個人は、人間としてではなく、市民としてさえなく、ただ兵士としてまったく偶然に敵となるのである。
・戦争の目的は敵国の破壊であるから、その防衛者が武器を手にしているかぎり、これを殺す権利がある。しかし武器を捨てて降伏するやいなや、敵又は敵の道具であることをやめたのであり、たんなる人間に返ったのであるから、もはやその生命を奪う権利はなくなる。

ルソーの思想からは、こんにち「国際人道法」と呼ばれる交戦規則、捕虜の待遇、戦争犠牲者保護などの国際諸法規が流れ出てくる。クリミア戦争（一八五三〜五六年）におけるイギリス人ナイチンゲールの傷病兵看護活動、またスイス人アンリ・デュナンが提唱し一八六三年創設された赤十字組織（今の赤十字国際委員会）は、ルソーの思想を受け継ぎ、軍備制限条約のさきがけとなるものである。

〈戦争違法化の時代〉

以後、「カントの道」と「ルソーの道」は、いくたの戦争の試練にさらされながらも、戦争廃絶＝戦争の違法化という方向と、捕虜、傷者、非戦闘員の保護および残虐な兵器の規制＝陸・海戦の法規・慣例条約締結への方向をしめし、国際法に新たな領域を拓いていった。

戦争違法化に先立ち、国際人道法の枠組みが形づくられる。なぜなら、フランス革命と産業革命が戦争のあり方に大規模化（国民戦争）、残虐《ざんぎゃく》・無差別化（工業期戦争）をもたらし、だがいっぽうで、列強は、植民地争奪のための、また覇権維持・勢力均衡をもくろんだ戦争の国際化を進んだからである。そこでまず〝戦争のルール化〟がはかられたということになる。

一八六八年、ロシア皇帝の提唱により開催された会議で「サンクト・ペテルブルク宣言」が採択され、一定兵器の使用規制をさだめた初の国際条約が生まれた。そこでは重量四〇〇グラム以下の爆発性または燃焼性発射物の使用禁止と相互放棄が合意された。戦争から非人道兵器を除外しようとするこの試みは、一八九九年の「第一回ハーグ平和会議」においてさらに深められ、「毒ガス兵器の使用禁止宣言」「陸戦の法規慣例に関する条約」などが、日本もふくむ二六ヵ国により採択された。それらは以後、害敵手段の規制分野において「ハーグ条約」、捕虜、傷者にかんしては「ジュネーブ条約」のもとで発展していき、現在「国際人道法」と総称される国際法の重要な一角を占めている。

ハーグ平和会議では、「カントの道」、すなわち「真のかつ恒久的《こうきゅう》平和」のための手段として兵員数、軍事予算規制をさぐる「軍備縮小」の討議もおこなわれた。しかし、これについてはいかなる合意もえられなかった。当時の戦争観は『ナポレオン語録』（岩波文庫）にあるように、「戦争は自然の状態である」「避けられない戦争は常に正戦である」「戦争は私の手中にあっては無政府状態の解毒剤であった」というものであった。「カントの道」への接近は、二〇世紀二つの世界大戦、そして各地の「大空襲」と「ヒロシマ・ナガサキの惨禍《さんか》」を待たなければならない。

〈ユネスコの憲章〉

第二次世界大戦終結の一九四五年、国連のもとに創設されたユネスコ（国連教育科学文化機関）憲章は、世界の人に「戦争は人の心の中で生まれるものであるから、人の心の中に平和のとりでを築かなければならない」と呼びかけた。国際社会は二〇世紀中葉になってはじめて、それまでの「正戦論」や「無差別戦争観」にかえて「戦争の違法化」という命題と正面から取りくむこととなったのである。おなじ年に創設された国際連合は、憲章の前文に「われら一生のうちに二度まで言語に絶する悲哀を人類に与えた戦争の惨害から将来の世代を救い…」と記し、

・すべての加盟国は、その国際紛争を平和的手段によって国際の平和及び安全並びに正義を危くしないように解決しなければならない（第二条三項）。

・すべての加盟国はその国際関係において、武力による威嚇又は武力の行使を、いかなる国の領土保全又は政治的独立に対するものも、また、国際連合の目的と両立しない他のいかなる方法によるものも慎まなければならない（同四項）。

と、戦争を「廃絶されるべきもの」とみなした。一九四六年制定された日本国憲法、その第九条に規定された「戦争放棄」「戦力の不保持」「交戦権の否認」が、国連憲章にならったものであることはいうまでもない。「戦争をさせない国際社会の努力」の最初の国に日本の名を見出すことは、われわれの誇りである（とはいっても、自衛隊の現状や改憲への動きをみれば手放しに評価できないが）。

〈局地戦からテロの時代へ〉

結局、二一世紀になっても、カントの道＝戦争をなくす国際社会の達成までは前途遼遠《りょうえん》という思いがする。国連憲章下の国際社会でも数多くの戦争の悲惨を目撃しなければならなかった。米ソ対立がもたらした東西冷戦時代の局地戦争（朝鮮戦争、ベトナム戦争など）、また、植民地解放が生み出した国際社会の急激な膨張とその過程で相ついだ民族解放戦争や内戦（とくにアフリカ諸国で）、さらに冷戦終結後の「テロとの戦い」（アフガニスタンにおける自爆攻撃と無人機攻撃の際限ない応酬）…。戦争なき世界は夢物語のように思える。

けれども、着実な前進がないわけではない。かつて「戦争のふるさと」といわれたヨーロッパにEUが誕生し、ほぼ全域が「共通の安全保障」＝不戦条約のきずなで結ばれた。ASEAN（東南アジア諸国連合）も、同様の地域集団安全保障の方向をめざしている。

NGO（非政府機関）がイニシアチブをとって実現した「対人地雷禁止条約」（一九九九年発効）や「クラスター（集束）爆弾禁止条約」（二〇〇八年成立）は、「ルソーの道」の発展形である。いま「核兵器廃絶条約」締結への努力がなされている。大学では「平和学」の講座が広く普及するようになった。詩人エマーソンのことば――「この膨大な戦争体制をつくりあげたのが思想ならば、それを溶かすのも思想である」を銘記しよう。

（前田哲男）

Theme 40

安保条約の今後

●日本政治の課題をどうするか

【ポイント】
普天間基地へのオスプレイ配備、二米兵による女性暴行。安保条約の「県民に安全を保障しない」側面が、また追加された。それでも日米政府は「軍事力による抑止論」のもと、基地維持を正当化する。どう突破するか。

〔日本政治の論点〕

「安保条約をどうするか」という問いは、つねに新しい課題として日本政治の主要な論点であった。一九五一年、「サンフランシスコ平和条約」と同時に締結された「旧安保」のときもそうであったし、一九六〇年、岸信介《きしのぶすけ》内閣が推進した「安保改定」のさいには、国会における三五日間のはげしい論戦、および議事堂を取り巻く「批准《ひじゅん》反対」の請願《せいがん》デモに象徴される空前の国民運動が全国で展開された。以後も、ベトナム戦争などアジア地域戦争のたびに、「安保条約は日本を守るためのものか？　それとも…」の問いが発せられた。

国内政治に突き付けた課題は、明治開国後の「条約改正」(関税自主権確立と治外法権撤廃)を思い起こさせる。

「条約改正」には日露戦争後まで三〇年余を要したが、「日米安全保障条約」のほうは、締結後六〇年以上へたいまも(日本が外国と結んだ最長の条約のひとつとして)なお存続し、かつ、時代と状況に合わせて変化発展しつづけている。その軌跡は、ほんらい「日本領域の共同防衛」に限定されていた条約区域(第五条)が、その後「アジア太平洋地域」にまで拡大されていく経緯(一九八六年の橋本・クリントンによる「日米安保共同宣言」)、また、小泉内閣のもとで、日米が「共通戦略目標」を共有するようになった(二〇〇三年以降)関係、さらに沖縄基地が、事実上、米軍の世界的な軍事活動の出撃拠点となってしまった実態(湾岸戦争～アフガニスタン攻撃～イラク戦争への関与)などに反映されている。安保論争がつねに新しいのは、これらの要因により〝生き物〟として時代とともに動き、変質してきたためといえる。別項目で解説される「⑬思いやり予算」も、そのような派生物である。

〔さまざまな側面〕

したがって、「安保条約をどうするか」は、①条約そのものの可否という判断(やめるか、つづけるか)、および②条約の変質の是正《ぜせい》（原点に戻るのか、現状を追認するか）、そして③あるべき日米関係のかたちとそこにいたるプロセス（未来像と過渡的措置）、から考えていくことがもとめられる。それぞれを検討してみよう。

条約を終了させることは簡単である。安保条約第一〇条には「効力終了」として、

> いずれの締約国も、他方の締約国に対しこの条約を終了させる意思を通告することができ、その場合には、そのような通告が行なわれた後一年で終了する

と規定されている。終了通告をおこなえば安保条約は自動的に終了し、条約第六条により「許与」されている在日米軍基地はすべて一年以内に閉鎖・返還ということになる。米側も同等の権利を有しているので〝契約違反〟との非難はできない。じっさい、冷戦後多くの国で米軍基地が撤廃されたのは、条約終了（破棄）＝基地閉鎖の手続きによるものである。

とはいえ、この方法が〝劇薬〟であることはまちがいない。受けいれられるにせよ、日米関係は緊迫するだろう。③のプロセスを成熟させたのち円満な「効力終了」へのゴールをとらないと、いたずらに太平洋に波を立てる懸念がたしかにある。

国民の総意が「安保終了」にかたむいていないことにも留意しなければならない。国が三年ごとにおこなう「自衛隊・防衛問題に関する世論調査」によると、「安保体制支持」の層がほぼ八割前後で推移していて、「安保をやめ自衛隊だけにする」の一割前後、「安保をやめ自衛隊も縮小・廃止」の五パーセント程度を圧倒的に引き離している。このことは、「安保是《ぜ》か非《ひ》か」を争点にするかぎり、「安保終了通告」を公約にかかげる政党は政権獲得の機会がないことを意味する。この民意が近い将来大きく変化するとは考えられない。

だからといって、自己増殖していく現実に手をつかね、安保と基地の運用を聖域化するような政治も正常といえない。その見地から「安保条約をどうするか」を考えると、まず②による有効な方策が提案されるべきだろう。具体的には、条約解釈を原点に戻す、すなわち六〇年安保国会で政府側が安保のありかたとしてしめした目的は、「日本領域の共同防衛」、米軍活動は「極東の範囲に限定」、配備・装置の重要な変更には「事前協議による日本側の承認が必要」、というところまで引きもどさせることである。たとえば、「オスプレイ配備」は「装備における重要な変更」に当たるので「事前協議」の議題とする。また、イラク戦争やアフガニスタン攻撃への在日米軍部隊参加は「極東の範囲」を逸脱するので認めない、といった対応が可能であり、意思表示すべきだろ

●—国会議事堂を取り囲むデモ隊

う。それはまた、核持ちこみなどにつきまとう「密約」のない安保運用のかたちでもある。

〔まずは地位協定の見直しを〕

いまひとつ、とりあえず安保条約に手を触れないまでも、そのもとで締結された「日米地位協定」を改定することに支障はない。こちらのほうは国民大多数も支持しており、また自治体首長も積極的に取り組む人が多い。地位協定は日米安保を動かす、いわばソフトウェアにあたるものだから、この部分を変えることにより安保運用に歯《は》止《ど》めがかけられる。

フィリピンやドイツの場合がそうである。フィリピンは「米《べい》比《ひ》相《そう》互《ご》防《ぼう》衛《えい》条約」を存続させたまま「米比基地貸与協定」の延長を否決したことで、国内全米軍基地が法的根拠を失い廃止された（一九九一〜九二年）。アメリカはフィリピンに植民地時代からクラーク空軍基地、スービック海軍基地など「シンガポールより広い」といわれた広大な基地を保有していたのだが、一年のうちに撤収した。しかし両国の関係は変わっていない。

日本の場合、安保条約と地位協定の関係がちがうので同列には論じられないものの、地位協定を抜本的に改定することにより、「駐留なき安保」ないし「限りなく基地ゼロ」にちかい状態をつくりだすことはできる。政権交代で誕生した鳩山政権につよい指導力があったなら、地位協定改定による大幅な基地削減に道すじがついていたかもしれない。

ドイツもまた、九〇年の「統一実現」を契機に、アメリカとの同盟関係（NATO条約）を維持した状態で「地位協定」を改定して基地削減と米軍特権の制約を達成した（ボン補足協定）。同時期、旧東ドイツからのソ連軍も撤退したのでドイツの基地問題は劇的に緩和《かんわ》された。「ドイツ国内法優位」が新協定の原則となった結果、在独米軍は、基地管理権や低空飛行訓練を制約され、また、環境基準や返還時の原状回復義務なども「治外法権《ちがいほうけん》」を許されなくなった。在独米軍の急激な減少(冷戦期の二五万人から現在の五万人台へ)も、こうした背景あってのことである。

だからといって、米独関係が悪化したわけではない。また、ドイツの安全が脅かされるとも聞かない。ドイツ政府は一方でEUのもとでの「共通の安全保障」をつくりつつ、安全保障の新しいかたちに移行したのである(「共通の安全保障」については「㊳基地に依存しない安全保障を目指して」の項を参照)。

ニュージーランド(NZ)のケースも参考になる。この国は米・豪とともに「アンザス条約」(ANZUS)にくわわっていたが、一九八五年、労働党政権が「非核法」を制定し寄港する米艦船に「非核証明」をもとめたことにより、対米関係が険悪化した。米政府はアンザスからNZを排除し経済制裁を科した。しかし、NZ国民は制裁に屈することなく保守党政権に交代したのちも「非核法」を維持しつづけ今日にいたっている。また、安全保障政策においても、主力戦闘機やフリゲート艦が耐用年数を過ぎると、新鋭機(艦)で補充しないという方式で実質的な軍縮を実行していることでも知られている。

〈「破棄か、いいなりか」の中間へ〉

以上いくつかの例がしめすとおり、「安保条約をどうするか」を考えるとき、「破棄か、いいなりか」の中間に、いくつかの実現可能な国民合意を形成することが可能であることがわかる。世界の基地状況を見ても、アメリカの基地ネットワークが崩れつつあるのは明瞭であり、それらは革命や政権転覆のクーデターによるより、政権交代を機にした交渉による返還・撤収の場合がほとんどであることに気づく。だとすれば、将来あるべき日米関係のかたちを構想しつつ、現状を変える政策を提示し交渉する、その未来像と過渡的措置を確立させることが重要ではなかろうか。

民主党は「二〇〇八年沖縄ビジョン」において、「日米地位協定の抜本的見直し」「更なる在沖米軍縮小策」「普天間基地返還アクションプログラムの作成」などを公約した。どれも頓挫してしまったのは残念なことだが、一方で現行安保が自民党政権のもとほぼ六〇年積みあげてきた「なし崩し・既成事実化」路線に終止符を打つのは容易ではないこともわきまえておかねばならない。「破棄か、いいなりか」のゼロ・サム的な選択ではなく、日米双方が「ウィン・ウィン」の関係に立てる方向を見出すこと——。二一世紀の「安保条約をどうするか」の議論は、まだ始まったばかりである。

(前田哲男)

◉コラム

安全保障のジレンマ

たとえばA国が自国の安全を高めるために、軍事力を増強したり、軍事同盟を結ぶ。これは主観的には自国の防衛のためである。しかし、近隣あるいは仮想敵とみなされたB国にとっては、A国の軍事力が脅威となり、自らを防衛するために軍事力を増強したり、軍事同盟を結ぶ。そうするとB国の軍事力増強は、A国にとって脅威となり、A国はさらに軍事力増強に走る……というように、自らの安心を高めようとして軍事力を強化するが、相手も同じような対応策をとることになり、お互いに脅威をより強く感じ、軍拡競争が進む。そして相互に不信感が増大し、ますます不安になり、小さな対立や誤解、単純なミスをきっかけに戦争になる危険性がより一層強まってしまう。自らの安全を図ろうとする行為が逆に危険性と不安を増すことになってしまう。こうした事態を〝安全保障のジレンマ〟という。

第二次世界大戦が終わったとき、アメリカはソ連を脅威と受けとめ、ソ連に比べて劣勢な通常兵力を補おうと核兵器の増強を図った。ソ連は通常兵力の優位によって核兵器を持っていない劣勢を補おうとしたが、そのことがアメリカには脅威に映り、軍拡を促した。アメリカの軍拡は、ソ連にとって脅威となり、ソ連の核兵器開発を促した。

両国とも、自分は平和を望んでおり、自国の軍事力は防衛のためだと思い込んでおり、それに対して、平和を破壊し戦争を望んでいるのは相手国であると思い込んでいる。

アメリカ社会において皆が銃を持つようになったのもそうした事例だろう。自らの自衛のために銃を持つようになり、安全になったかというとその逆で銃による犯罪が増え、危険と不安が増しただけだった。日本社会のように誰もが銃を持たない方がより安全で安心できる社会になる。非核兵器地帯のように核兵器を持たない方がお互いにより安全になれるという方法は、この〝安全保障のジレンマ〟を克服する道筋を示している。

（林　博史）

基地に依存しない安全保障を目指して

前田哲男

これまで見てきた各項目の解説に明らかにされたとおり、「米軍基地問題」は、戦後日本政治に突き刺さった〝とげ〟であった。根底に、憲法前文（平和的生存権）および第九条（戦力の不保持・交戦権禁止）と、日米安保条約（共同防衛、基地の提供）がもたらした亀裂、矛盾があったのはいうまでもない。憲法に忠実であろうとすれば、安保条約のもとの米軍基地は——自衛隊の存在とともに——違憲の象徴、地域社会破壊の元凶となる。いっぽう、現実を重視する側からは、東西冷戦下の東アジアの安全保障環境のもとではやむをえない選択肢とみなされた。理念か現実化をめぐり、政治面では、「五五年体制」（自民党政権と社会・共産党の対立）という構図、司法面では、「伊達《だ》判決《て》」（安保条約を違憲と断じた一九五九年）と「最高裁判決」（同事件に関し安保合憲を判示した同年）に見られる両極端の憲法解釈、さらに社会現象として、基地新設、騒音・犯罪・環境汚染などをめぐり「国策受忍か平穏な生活か」の論争が、全国各地で絶えなかった。まさしく日本政治が抱えこんだ最大の難問がそこにあった。

冷戦が終結し世紀は移ったが、基地問題は「辺野古《へのこ》新基地建設」「オスプレイ普天間《ふてんま》配備」などとともにつねに新しい。オスプレイ配備はまた、本土上空ほぼ全域にわたる「低空飛行訓練実施」という問題も突きつけた。私たちは、「基地問題」にどう向き合えばよいのか。締めくくりとして、課題を根源的なところから考えることとする。

第一に、「安全保障に軍事基地が不可欠か」という点である。

国家の安全が、外敵排除のため軍事力により、もっぱら「国防」として語られた時代、たしかに軍事基地は、「軍事力を展開または発揮させる場合の行動の中心地、その力の根源となる場所」（『国防用語辞典』防衛学会編、一九八〇年）として必要であったかもしれない。こんにちでも無意味とまではいえないだろう。

だが、二〇世紀末から、安全保障の目的は「エネルギー安全保障」「食糧安全保障」「環境安全保障」などの語り方がしめすように多義的・広範囲な意味で認識されるようになった。その意義が「国民生活をさまざまな脅威から守ること」にあるとするならば、同盟条約＋軍事基地＝安全の計算式は、もはや成立しない。これらの面で軍事基地が果たしうる役割は限定的ないし皆無にちかい（『環境安全保障』にとって軍隊と基地は〝純粋な負の生産集団〟だ）。また、戦争の形態と軍事技術の変化は、「軍事基地という装置」の有効性に疑問を抱かせるようになった。精密誘導ミサイルは基地の脆弱性を増大させつづけている。また「サイバー・ウォー」という未来戦に、海兵隊の出番などありそうにない。現実にも、冷戦後世界で米軍基地が減少している事実は、本書編者の一人、林博史が『米軍基地の歴史　世界ネットワークの形成と展開』（小社刊、二〇一一年）で詳細に跡づけている。「戦争のルールが変わった」という観点に立っても、もはや軍事基地が安全保障の不可欠だとはみなせない。

第二に、外国の軍事基地受け入れによって生じる「主権侵害」の問題がある。

国際法に照らすと、外国軍隊が他国に駐留することは例外的な状態であり、二つの場合しか想定できない。すなわち、敗戦の結果受けいれを強いられる「軍事占領」の場合（最近では「イラク戦争」後の米軍基地）、または、植民地や租借地・属領における「軍隊の駐屯」（たとえば「満州国」における日本の関東軍）のケースである。ともに正常な国家関係では起こりえないことで、「戦時国際法」や「植民地主義」の領域として理解される。

現在の国連憲章のもとでは「戦争の違法化」と「民族自決」が国際秩序の基本とされ、どちらも（原則的に、であるが）禁じられている。イラク戦争と米軍駐留はつよい国際的非難にさらされた。外国基地の存在は国内に摩擦要因を持ちこむ。二国間に主権上の矛盾をひきおこし民族主義と排外感情の温床《おんしょう》となりやすい。A国にB国の軍隊が常駐するという事実は、A国の「領土主権」とB国軍隊の「治外法権」が正面からぶつかることを意味する。国際法の世界で、軍隊は国外においても自国の法律、裁判権にしか服さない権利を認められているからだ。この相容れない背反を調整するため、「地位協定」がむすばれるのだが、内容は派遣国側優位の不平等条約になりやすい。本書中の「日米地位協定」の運用実態を見れば明瞭である。

日本、韓国、ドイツなどに米軍が常駐している理由は、第二次大戦と、以後の「冷戦」という戦後国際情勢の特殊な環境がもたらしたものだった。冷戦が〝冷たい平和〟でもあったこの時期、米・ソ両国は世界各地に基地ネットワークをはりめぐらせ対峙《たいじ》した。だから冷戦が終結するとソ連の国外基地は消滅し、米軍海外基地もフィリピンで全面閉鎖、独・英・伊でも大幅に閉鎖・削減された。しかし在日米軍基地だけは、さして減らない。

この状況からいかに離脱していくか。基地に依存しない安全保障を、どのように達成できるか。大きな構想と現実的対応の二方向から考えてみよう。

まえに見たように安全保障の条件は大きく変化した。国の安全をたもつ方策はエネルギー、食糧、環境をふくむ広義のものとなり、同盟＝軍事＝基地のみで計れない総合的なものとなった。軍事的脅威にだけ着目し、仮想敵を前提として軍隊で対抗する〝ゼロ・サム型〟（敵か味方か、勝ちか負けか）でなく、〝ウィン・ウィン型〟（どちらも得をする共存型）へと転換していくことが望ましい。この方式は「共通の安全保障」と呼ばれる。やがて軍事基地は不必要となり廃絶されるだろう。

一九八〇年代、冷戦下のヨーロッパで社会民主主義者がこの構想を提唱したとき、〝現実主義者〟は〝空想的平和主義〟だと冷笑した。しかし冷戦終結をさかいに「共通の安全保障」への流れは、ＣＳＣＥ（欧州安全保障協力会議）からＯＳＣＥ（欧州安全保障協力機構）に前進し、ＥＣ（欧州共同体）がＥＵ（欧州連合）へと変貌した。「ベルリンの壁」と「東西ドイツ」をはさんで配置されていた軍隊と軍事基地は激減し、欧州各国の軍事費と兵員は大幅に削減された。ＥＵが採用した「共通の外交・安全保障」の成果は、ワイツゼッカー元大統領がのべた「ドイツは歴史上はじめて隣国がすべて友人であるという状態を迎えた」ということばに表されている。ドイツに「領土問題」は存在しない。ドイツ自身の努力と〝ウィン・ウィン型〟安全保障のたまものである。

アジアでも、おなじ試みがなされている。ＡＳＥＡＮ（東南アジア諸国連合）である。

朝鮮戦争（一九五〇年代）からベトナム戦争（一九六〇年代）にかけて、この地域にはＳＥＡＴＯ（東南アジア条約機構）と呼ばれる軍事条約があり、多数の米軍基地が設置されていた。しかしベトナム戦争終結後、インドネシア、マレーシア、シンガポールなど五ヵ国によりＡＳＥＡＮが結成（一九六七年）され「中立化宣言」（七一年）、「友好同盟条約」（七六年）をへて、いまでは同地域一〇カ国からなる地域共同体となった。タイやフィリピンにあった米軍基地は閉鎖され、シンガポールに米艦隊の一時寄港地がのこるのみだ。

もし、日本周辺の東北アジア（朝鮮半島・中国・極東ロシア）に「共通の安全保障」の枠組みを実現できれば、在日米軍基地は存在意義を失うであろう。それに向けた構想を議論していくことが、「基地に依存しない安全保障」の前提条件であろう。

同時に、目前の課題解決に知恵をしぼることも重要である。沖縄基地の差別的状態（最近では〝軍事植民地〟とさえ形容される）、また「在日米軍基地再編」という名の本土基地強化（岩国・横須賀・横田など）に、個別の対抗政策を提起していくことも大切である。

要約すれば、①沖縄では〝基地のグローバリズム〟（派遣国側の優位）をミニマム化する、②本土基地を〝沖縄化〟させない（基地再編中止）となろう。①は沖縄基地の規模を最低限、かつ早急に〝本土並み〟にすることである。具体的目標として普天間基地の県内移設中止、高江《たかえ》へリパッド建設工事停止、SACOで合意された嘉手納《かでな》以南基地の即時返還の実現などがあげられよう。②の〝本土の沖縄化〟の歯止めにかんしては、「思いやり予算」の廃止が有効な方法となるだろう。それとともに「日米地位協定」改定が欠かせない。できるだけ対等なものに近づける努力、たとえば基地管理権、環境保護など、ドイツやイタリアがアメリカに認めさせた「より対等な関係」すなわち「国内法優位の原則」を確立させるのに、さして困難はないはずだ。

二〇〇九年の政権交代は、その絶好の機会であったが、民主党政権は期待に応えられなかった。とはいえ、失望するだけではなにも生まれない。二一世紀の潮流が「基地に依存しない安全保障」を指向していることは明白である。つよく望むこと、望む人を増やすこと、あきらめないことが目標達成の鍵となる。

基地問題を知るための読書ガイド

本事典を読まれ、さらにくわしく知りたいと思われた方々に、比較的に読みやすい本を中心に紹介する。ここで触れられなかった本は末尾の文献リストに記す。なお専門書は最小限にしたのでご了承いただきたい。

沖縄の基地問題の歴史については、**沖縄県編『沖縄　苦難の現代史』**（岩波書店、一九九六年）がまとまっている。その前提となる沖縄戦については、**林博史『沖縄戦が問うもの』**（大月書店、二〇一〇年）をあげておく。基地問題を含む戦後の沖縄の歴史は、**中野好夫・新崎盛暉『沖縄戦後史』**（岩波新書、一九七六年）と**新崎盛暉『新版　沖縄現代史』**（岩波新書、二〇〇五年）の二冊で全体を通して理解できる。伊江島での土地取り上げと住民のたたかいは、その運動の中心にいた**阿波根昌鴻『米軍と農民―沖縄県伊江島』**（岩波新書、一九七三年）、**阿波根昌鴻『命こそ宝―沖縄反戦の心』**（岩波新書、一九九二年）の二冊にくわしい。日本復帰後の土地強制接収については新崎盛暉**『新版・沖縄反戦地主』**（高文研、一九九五年）にくわしい。沖縄の日本本土への返還については、**我部政明『沖縄返還とは何だったのか―日米戦後交渉史の中で』**（日本放送出版協会、二〇〇〇年）を挙げておく。

最近の沖縄の基地問題については、沖縄県や宜野湾市をはじめ沖縄の市町村のウェブサイトに基礎的な情報が掲載されているが、沖縄の二つの新聞社がしばしば特集を組み、それらを何冊も本として刊行している。最近のものとしては、**沖縄タイムス社・神奈川新聞社・長崎新聞社『米軍基地の現場から』**（高文研、二〇一一年）と**琉球新報社『呪縛の行方―普天間移設と民主主義』**（琉球新報社、二〇一二年）をあげておく。普天間基地については多くの本のなかで触れられているが、元宜野湾市長の**伊波洋一『普天間基地はあなたの隣にある。だから一緒になくしたい。』**（かもがわ出版、二〇一〇年）がある。入門書としては、**前泊博盛『沖縄と米軍基地』**（角川書店、二〇一一年）、**屋良朝博『誤解だらけの沖縄・米軍基地』**

（旬報社、二〇一二年）、ガイドブックでもある**新崎盛暉、謝花直美、松元剛『観光コースでない沖縄（第四版）』**（高文研、二〇〇八年）がある。基地なき沖縄への展望は、**宮里政玄、新崎盛暉、我部政明『沖縄「自立」への道を求めて』**（高文研、二〇〇九年）と**宮本憲一・川瀬光義編『沖縄論―平和・環境・自治の島へ』**（岩波書店、二〇一〇年）を挙げておこう。

日本本土の基地については、**木村朗編『米軍再編と前線基地・日本』**（凱風社、二〇〇七年）と**斉藤光政『在日米軍最前線』**（新人物往来社、二〇一〇年）がある。沖縄を含めて在日米軍基地がイラクへの侵略の拠点となっていたことは、**伊波洋一・永井浩『沖縄基地とイラク戦争―米軍ヘリ墜落事故の深層』**（岩波ブックレット、二〇〇五年）や**山根隆志・石川巌『イラク戦争の出撃拠点―在日米軍と「思いやり予算」の検証』**（新日本出版社、二〇〇三年）にくわしい。海兵隊員として沖縄に駐留したことのある**アレン・ネルソン『ネルソンさん、あなたは人を殺しましたか？』**（講談社文庫、二〇一〇年）は貴重な証言である。

米軍基地が日本におかれている根拠は日米安保条約だが、**世界編集部・水島朝穂・古関彰一『日米安保Q&A』**（岩波ブックレット、二〇一〇年）が入門書としてある。元外交官の**孫崎享『日米同盟の正体』**（講談社現代新書、二〇〇九年）も興味深い。日米安保を幅広い視野で分析した**島川雅史『アメリカの戦争と日米安保体制〈第三版〉』**（社会評論社、二〇一一年）、沖縄を含めて多角的に扱った**我部政明『戦後日米関係と安全保障』**（吉川弘文館、二〇〇七年）もあげておく。地位協定については、**琉球新報社・地位協定取材班『検証「地位協定」日米不平等の源流』**（高文研、二〇〇四年）がある。また**布施祐仁『日米密約　裁かれない米兵犯罪』**（岩波書店、二〇一〇年）と**吉田敏浩『密約―日米地位協定と米兵犯罪』**（毎日新聞社、二〇一〇年）が、犯罪をおかした米兵が裁かれない仕組みを解明している。

核兵器に関する密約については、**新原昭治『日米「密約」外交と人民のたたかい』**（新日本出版社、二〇一一年）と**太田昌克『日米「核密約」の全貌』**（筑摩書房、二〇一一年）をあげておきたい。

日米軍事同盟の緊密化のなかで変容する自衛隊については、**前田哲男『自衛隊―変容のゆくえ』**（岩波新書、二〇〇七年）と**梅田正己『変貌する自衛隊と日米同盟』**（高文研、二〇〇六年）がある。3・11後の自衛隊については、**前田哲男**

『自衛隊のジレンマ—3・11震災後の分水嶺』（現代書館、二〇一一年）や**布施祐仁『災害派遣と「軍隊」の狭間で—戦う自衛隊の人づくり』**（かもがわ出版、二〇一二年）、いじめや自殺、セクハラが多発する自衛隊の問題を扱った、**三宅勝久『自衛隊員が死んでいく』**（花伝社、二〇〇八年）、**浜松基地自衛官人権裁判を支える会編『自衛隊員の人権は、いま』**（社会評論社、二〇一二年）も参考になる。

米軍基地の世界的な展開については、**林博史『米軍基地の歴史—世界ネットワークの形成と展開』**（吉川弘文館、二〇一二年）がある。同書では海兵隊が沖縄に配備された経緯もくわしい。世界の米軍基地問題を米軍サイドから見たものとしては、**ケント・カルダー『米軍再編の政治学—駐留米軍と海外基地のゆくえ』**（日本経済新聞出版社、二〇〇八年）がある。民衆の運動を含めてフィリピンの状況は、**ローランド・G・シンブラン『フィリピン民衆VS米軍駐留』**（凱風社、二〇一二年）、韓国での米軍のすさまじい犯罪の実態は、**駐韓米軍犯罪根絶のための運動本部編（徐勝、広瀬貴子訳）『駐韓米軍犯罪白書』**（青木書店、一九九九年）が参考になる。

「抑止力」という概念を考えるうえで、**松竹伸幸『幻想の抑止力—沖縄に海兵隊はいらない』**（かもがわ出版、二〇一〇年）と**柳沢協二ほか『抑止力を問う—元政府高官と防衛スペシャリスト達の対話』**（かもがわ出版、二〇一〇年）、「集団的自衛権」については、**松竹伸幸『「集団的自衛権」批判』**（新日本出版社、二〇〇一年）と**豊下楢彦『集団的自衛権とは何か』**（岩波新書、二〇〇七年）がある。

日米安保をどうするのか、いくつかの選択肢があるだろうが、**前田哲男『日米安保を変える—「従属」から「自立」へ』**（高文研、二〇〇九年）と**フォーラム平和・人権・環境、前田哲男・児玉克哉・吉岡達也・飯島滋明『平和基本法—九条で政治を変える』**（高文研、二〇〇八年）を紹介しておく。また軍事力に頼らない安全保障の重要な方法である非核兵器地帯構想については、**梅林宏道『非核兵器地帯—核なき世界への道筋』**（岩波書店、二〇一一年）がある。

現在の日本と世界の動きについては、毎年刊行されている、**NPO法人ピースデポ『イアブック　核軍縮・平和—市民と自治体のために』**（NPO法人ピースデポ〈発売　高文研〉一九九八年より毎年刊行）が参考になる。

（林　博史）

その他の参考文献

○沖縄の基地問題（歴史編）

ＮＨＫ取材班『基地はなぜ沖縄に集中しているのか』ＮＨＫ出版、二〇一一年

宮里政玄『日米関係と沖縄』岩波書店、二〇〇〇年

○沖縄の基地問題（現状）

新崎盛暉『新崎盛暉が説く構造的沖縄差別』高文研、二〇一二年

屋良朝博『砂上の同盟―米軍再編が明かすウソ』沖縄タイムス社、二〇〇九年

宮本憲一・西谷修・遠藤誠治『普天間基地問題から何が見えてきたか』岩波書店、二〇一〇年

前田哲男『フクシマと沖縄―「国策の被害者」生み出す構造を問う』高文研、二〇一二年

○日本本土の基地問題

斉藤光政『米軍秘密基地ミサワ―核と情報戦の真実』同時代社、二〇〇二年

「週刊金曜日」編『岩国は負けない―米軍再編と地方自治』金曜日、二〇〇八年

藤目ゆき『女性史からみた岩国米軍基地―広島湾の軍事化と性暴力』ひろしま女性学研究所、二〇一〇年

栗田尚弥編著『米軍基地と神奈川』有隣堂（有隣新書）、二〇一一年

○日米安保条約

豊下楢彦『安保条約の成立―吉田外交と天皇外交』岩波新書、一九九六年

我部政明『日米安保を考え直す』講談社現代新書、二〇〇二年

二見伸吾『ジョーカー・安保日米同盟の六〇年を問う』かもがわブックレット、二〇一〇年

○地位協定と密約

琉球新報社編『外務省機密文書　日米地位協定の考え方　増補版』高文研、二〇〇四年
豊田祐基子『「共犯」の同盟史―日米密約と自民党政権』岩波書店、二〇〇九年
波多野澄雄『歴史としての日米安保条約―機密外交記録が明かす「密約」の虚実』岩波書店、二〇一〇年

○自衛隊問題

増田　弘『自衛隊の誕生―日本の再軍備とアメリカ』中公新書、二〇〇四年
半田　滋『3・11後の自衛隊――迷走する安全保障政策のゆくえ』岩波ブックレット、二〇一二年
斉藤貴男『強いられる死――自殺者三万人超の実相』河出書房新社、二〇一二年
三浦耕喜『兵士を守る――自衛隊にオンブズマンを』作品社、二〇一〇年

○辞典など

前田哲男編集『現代の戦争』（岩波小辞典）岩波書店、二〇〇二年

付　　録

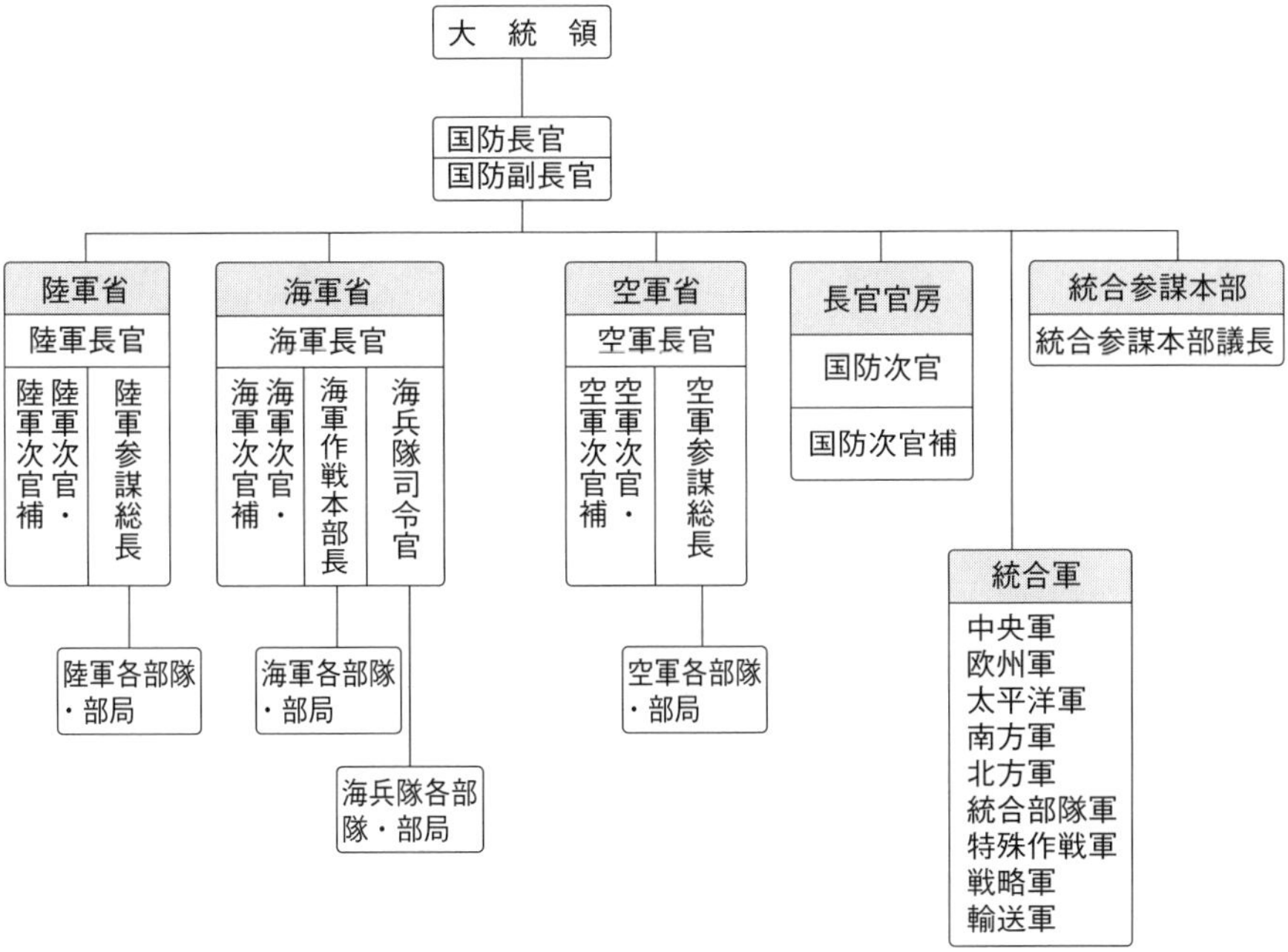

●—アメリカ国防総省の機構

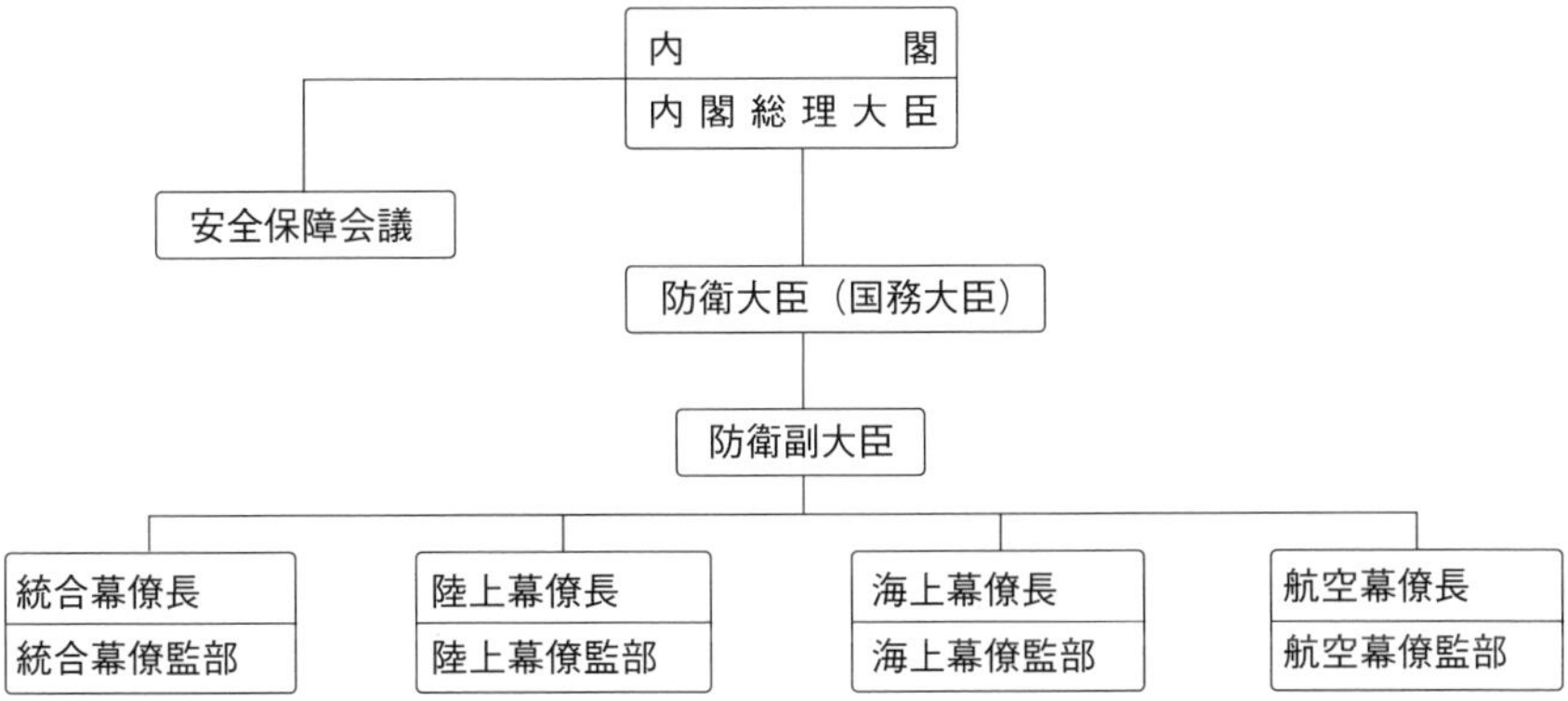

●—防衛省・自衛隊組織図（2012 年 3 月 31 日現在）

付　録

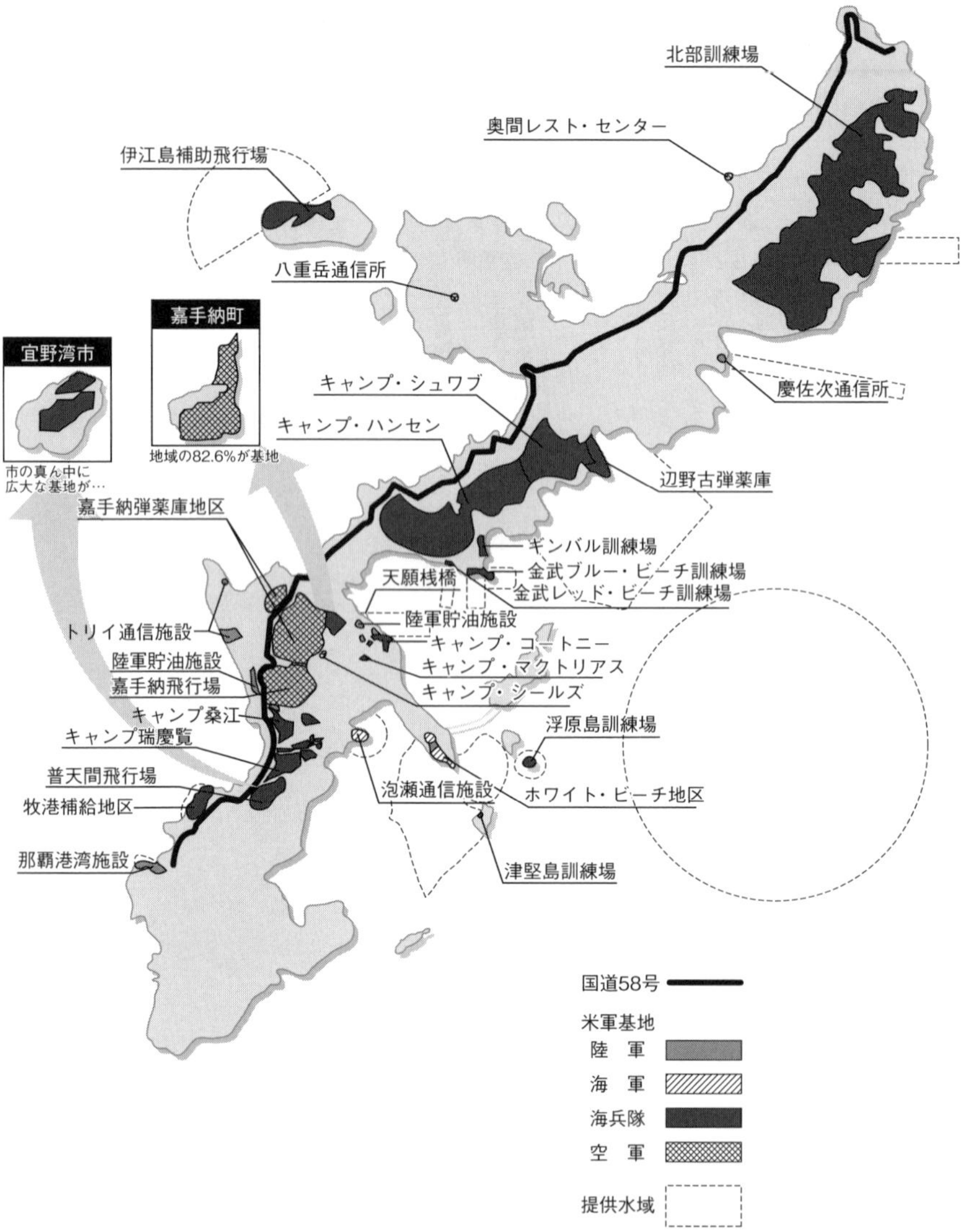

●—沖縄県の米軍基地の現状（沖縄県『沖縄の米軍基地』2008年より転載）

付　　録

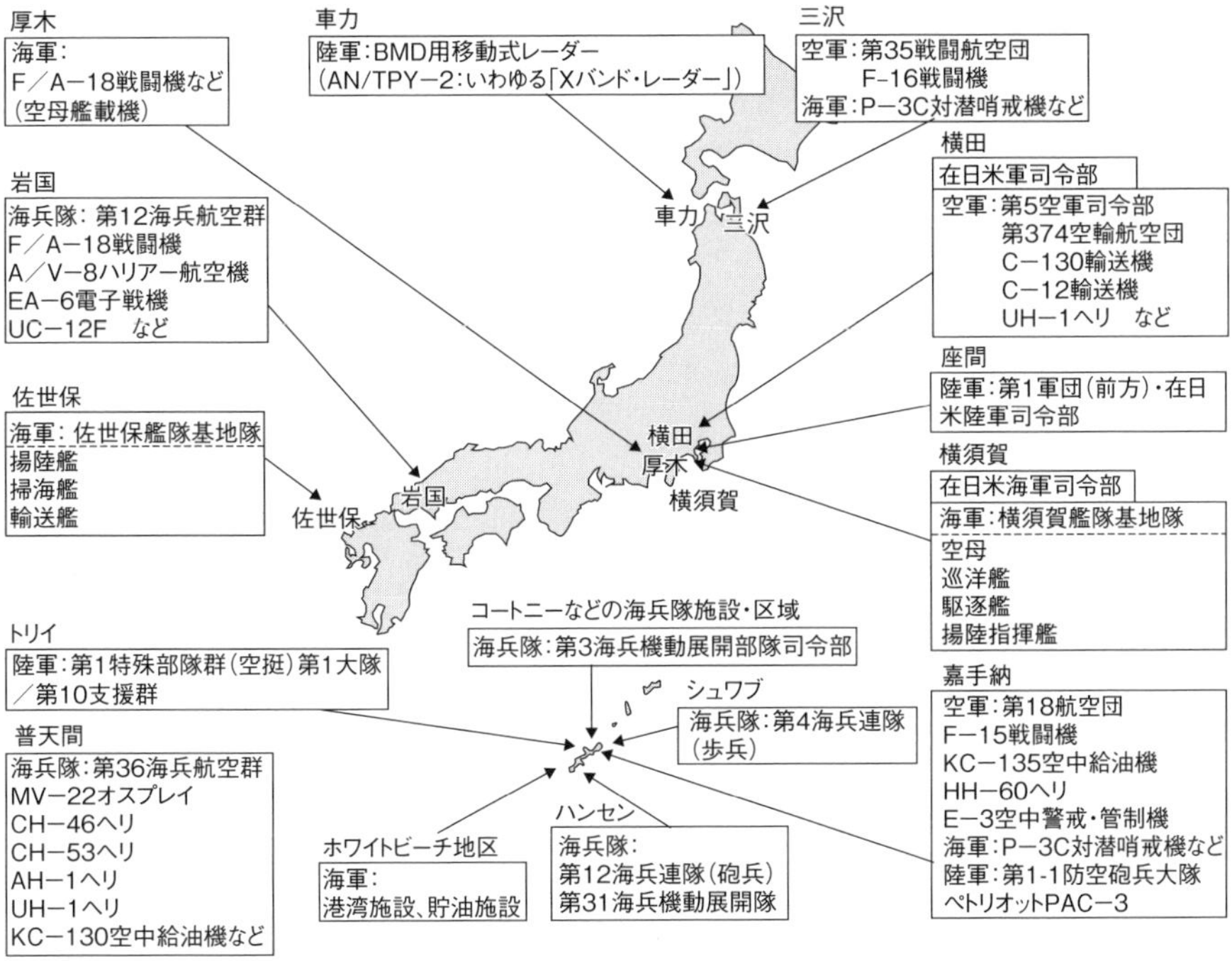

厚木
海軍:
F／A−18戦闘機など
(空母艦載機)
車力
陸軍:BMD用移動式レーダー
(AN/TPY−2:いわゆる「Xバンド・レーダー」)
三沢
空軍:第35戦闘航空団
F-16戦闘機
海軍:P−3C対潜哨戒機など
横田
在日米軍司令部
空軍:第5空軍司令部
第374空輸航空団
C−130輸送機
C−12輸送機
UH−1ヘリ　など
岩国
海兵隊:第12海兵航空群
F／A−18戦闘機
A／V−8ハリアー航空機
EA−6電子戦機
UC−12F　など
座間
陸軍:第1軍団(前方)・在日米陸軍司令部
佐世保
海軍:佐世保艦隊基地隊
揚陸艦
掃海艦
輸送艦
横須賀
在日米海軍司令部
海軍:横須賀艦隊基地隊
空母
巡洋艦
駆逐艦
揚陸指揮艦
車力
三沢
横田
厚木
横須賀
岩国
佐世保
コートニーなどの海兵隊施設・区域
海兵隊:第3海兵機動展開部隊司令部
トリイ
陸軍:第1特殊部隊群(空挺)第1大隊／第10支援群
シュワブ
海兵隊:第4海兵連隊(歩兵)
嘉手納
空軍:第18航空団
F−15戦闘機
KC−135空中給油機
HH−60ヘリ
E−3空中警戒・管制機
海軍:P−3C対潜哨戒機など
陸軍:第1-1防空砲兵大隊
ペトリオットPAC−3
普天間
海兵隊:第36海兵航空群
MV−22オスプレイ
CH−46ヘリ
CH−53ヘリ
AH−1ヘリ
UH−1ヘリ
KC−130空中給油機など
ハンセン
海兵隊:
第12海兵連隊(砲兵)
第31海兵機動展開隊
ホワイトビーチ地区
海軍:
港湾施設、貯油施設

●−沖縄・本土における米軍基地の現状（『平成 24 年度防衛白書』を修正）

を元に作成．アメリカの世界的軍事戦略の視点：アメリカを手前にしてこの地図を見ていただ
軍軍事戦略の正面戦線だった．そしてアメリカにとって右翼戦線がヨーロッパ、左翼戦線が東
点を結ぶとユーラシア大陸を包囲していることがわかる．

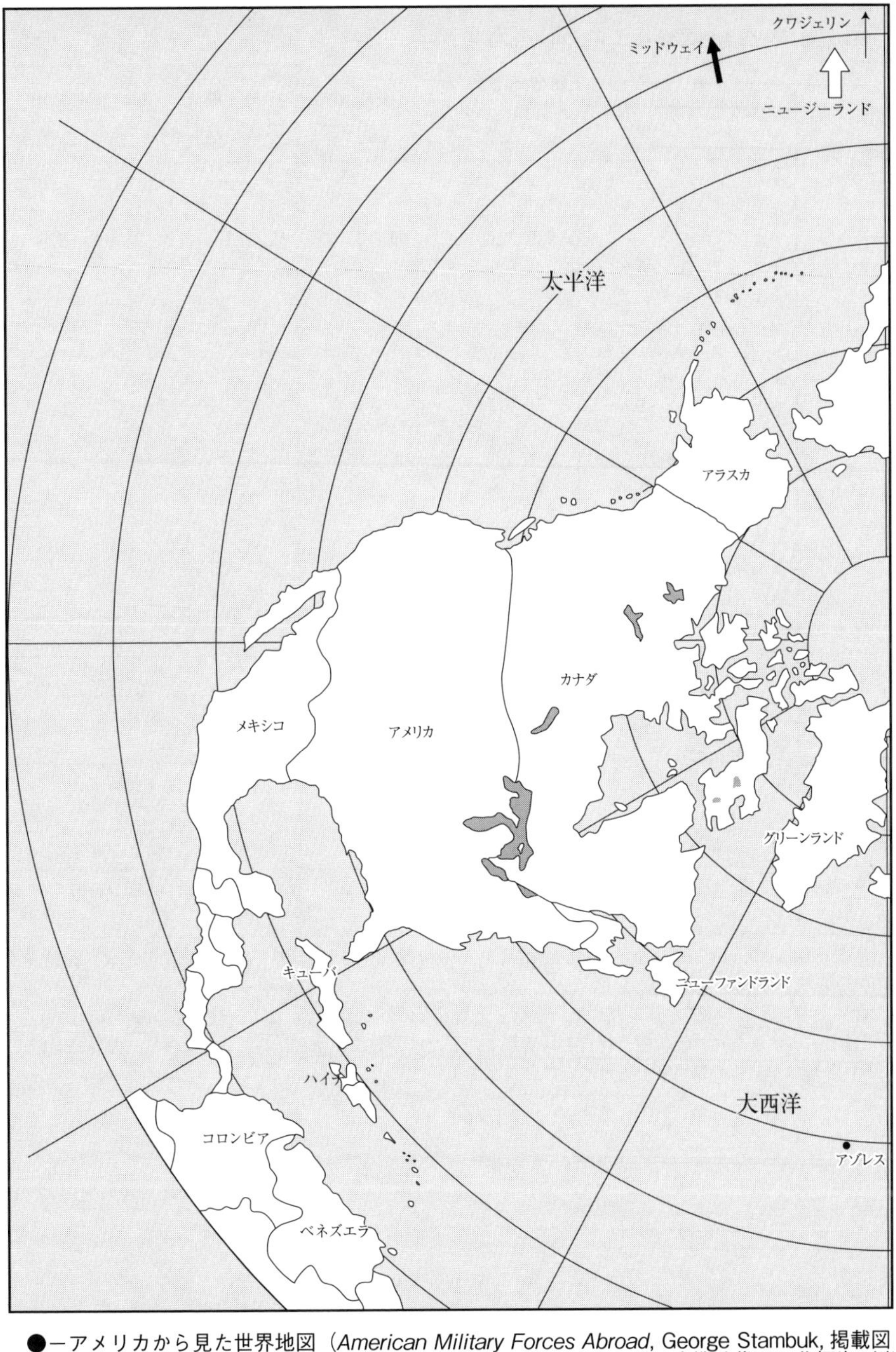

●ーアメリカから見た世界地図（*American Military Forces Abroad*, George Stambuk, 掲載図
きたい．北極海をはさんでロシア（旧ソ連）と対峙している．つまり冷戦時代には北極海が米
アジアである．地球の反対側にある拠点がディエゴガルシアである．米本土を含めたこの4地

付　　録

表1　海兵隊の海外基地リスト（2010.9.30 現在）

国　名	主な基地名／場所	建物　件数／床面積（平方フィート）	土地面積（エイカー）	資産価値（単位百万ドル）	駐留人員（軍人／軍属他）
日本	キャンプ・コートニー キャンプ・フォスター キャンプ・ハンセン キャンプ・キンザー キャンプ・シャワブ キャンプ・レスター キャンプ・バトラー ギンバル訓練場 金武ブルー・ビーチ（訓練場） 伊江島補助飛行場 普天間飛行場　など（以上，沖縄） 岩国飛行場 キャンプ・フジ ほか　計21か所	3,939/32,631,522	84,216	12,307.7	19,483/4,275
ドイツ	なし	0/0	0	0	766/14
ケニヤ	ケニヤ／モンバサ	4/15,578	0	14.2	0/0
韓国	キャンプ・ムジュ／ポハン	50/214,568	88	57.8	16/93
アラブ首長国連邦	なし	0	0	0	498/0
計		3,993/32,861,668	84,304	12,379.7	20,763/4,382
日本の割合		98.6%/99.3%	99.9%	99.4%	93.8%/97.6%

（出典）Department of Defense, *Base Structure Report: Fiscal Year 2011 Baseline*. より作成．2010年9月30日現在の数字である．

（注）ドイツとアラブ首長国連邦には，建物も土地もないので基地ではなく，数百名の海兵隊員がいるだけと言える．ケニヤと韓国も物資を保管しているだけの施設と見られる．したがって，海外において海兵隊基地があるのは事実上，日本だけと言ってよいだろう．

表2　海外にある米艦船の母港（2012.5.15 現在）

母港地	艦船名	種　類
ディエゴガルシア　1隻	エモリー・S・ランド	潜水艦母艦
ガエタ（イタリア）　1隻	マウント・ホイットニー	揚陸指揮艦
マナマ（バーレーン）　9隻	アーデント	対機雷戦艦
	チヌーク	沿岸警備艇
	デクストラス	対機雷戦艦
	ファイアボルト	沿岸警備艇
	グラディエーター	対機雷戦艦
	スカウト	対機雷戦艦
	シロッコ	沿岸警備艇
	タイフーン	沿岸警備艇
	ホワールウィンド	沿岸警備艇
佐世保　8隻	アヴェンジャー	対機雷戦艦
	ディフェンダー	対機雷戦艦
	デンバー	揚陸艦
	エセックス	多目的揚陸強襲艦
	ジャーマンタウン	ドック型揚陸艦
	ガーディアン	対機雷戦艦
	パトリオット	対機雷戦艦
	トルトゥガ	ドック型揚陸艦
横須賀　11隻	ブルー・リッジ	揚陸指揮艦
	カウペンス	ミサイル巡洋艦
	カーティス・ウィルバー	ミサイル駆逐艦
	フィッツジェラルド	ミサイル駆逐艦
	ジョージ・ワシントン	原子力空母
	ジョン・S・マケイン	ミサイル駆逐艦
	ラッセン	ミサイル駆逐艦
	マッキャンベル	ミサイル駆逐艦
	マスティン	ミサイル駆逐艦
	シャイロ	ミサイル巡洋艦
	ステザム	ミサイル駆逐艦

（出典）NAVY.mil: Official Website of the United States Navy.
http://www.navy.mil/navydata/ships/lists/homeport.asp
（注）米海軍の説明では，イタリアと日本の配備は「母港 homeport」ではなく，「前方配備 forward deployed」とされている．しかし実態は母港以外の何物でもない．

ここに記載された艦船のうち，バーレーンを母港とするものはいずれも小規模な艦船である．空母の母港を受け入れているのは日本だけであり，また空母，強襲艦，揚陸艦，巡洋艦などの戦闘艦で海外を母港とするものはほとんどが日本に集中していることがわかる．

表4　海外主要国米軍基地資産（2010.9.30 現在）

	国　　名	資産価値 $M
1	日本全体	49,462
2	ドイツ全体	38,174
3	グアム全体	20,006
4	韓国全体	16,285
5	イタリア全体	7,898
6	イギリス全体	6,350
7	スペイン全体	2,766
8	トルコ全体	1,975

（出典）*Base Structure Report FY2011*

（注）イラクとアフガニスタンは除く

表3　海外主要米軍基地資産（1741 百万ドル以上，2010.9.30 現在）

	基　地　名	軍	資産価値 $M
1	嘉手納	空軍	5,708
2	横須賀	海軍	5,066
3	三沢	空軍	4,567
4	横田	空軍	4,479
5	ラムステイン（独）	空軍	3,512
6	ディエゴガルシア	海軍	3,217
7	グアンタナモ（キューバ）	海軍	3,026
8	キャンプ・フォスター（瑞慶覧）	海兵隊	2,956
9	トゥーレ（グリーンランド）	空軍	2,909
10	オサン（韓国）	空軍	2,673
11	クワジェリン（マーシャル諸島）	陸軍	2,630
12	岩国	海兵隊	2,294
13	レイクンヒース（英）	空軍	2,228
14	ロタ（スペイン）	海軍	2,179
15	ヨンサン（韓国）	陸軍	2,134
16	グラーフェンベア（独）	陸軍	2,078
17	キャンプ・キンザー（牧港）	海兵隊	2,060
18	厚木	海軍	1,901
19	シュパングダーレム（独）	空軍	1,819
20	ハンフリー（韓国）	陸軍	1,801

その他海外領土

	グアム海軍基地	海軍	7,359
	グアム　アンダーセン	空軍	7,253
	プエルトリコ海軍基地	海軍	2,060

（出典）*Base Structure Report FY 2011*

（注）イラクとアフガニスタンは除く

表5　主な国・地域における米軍基地面積と駐留軍人数

国　　名	基地面積（エーカー）	米　軍　人　数	
	2009.9.30	1990.9.30	2010.12.31
ドイツ	143,091	227,586	54,431
日本	126,802	46,593	35,329
韓国	25,689	41,344	24,655
イタリア	5,766	14,204	9,779
イギリス	7,131	25,111	9,318
トルコ	3,512	4,382	1,485
バーレーン	106	682	1,401
スペイン	8,774	6,986	1,345
ベルギー	1,079	2,300	1,248
ジブチ	0	11	1,373
海外　合計	623,525	609,422	291,651
米軍　総計		2,046,144	1,429,367
グリーンランド	233,034	159	153
オーストラリア	20,074	713	127
ディエゴガルシア	7,000	1,318	241
キューバ	28,817	2,412	936
グアム	63,371	7,033	3,030

（出典）基地面積は，Department of Defense, *Base Structure Report Fiscal Year 2010 Baseline*，米軍人数は，Department of Defense, *Active Duty Military Personnel Strength by Reginal Area and by Country*，各年版より．

（注）2010.12.31 現在，米軍人数が 1,000 名を超えている国を取り上げ（上半分），また参考までにいくつかの国・海外領土も取り上げた（下半分）．１エーカーは約 0.4ha．韓国の軍人数のみ 2008.12.31 のデータ．海外合計にはイラクとアフガニスタン，グアムは含まれていない．米軍総計の中に，イラク派遣８万 5,600 名，アフガニスタン派遣 10 万 3,700 名を含め国内外すべての米軍が含まれている．アジア太平洋地域の海上兵力として，8,521 名があり，その多くは実質的に日本に駐留しているとみられる．

執筆者紹介

＊配列は 50 音順とした

新崎盛暉（あらさき　もりてる）	1936 年生まれ	沖縄大学名誉教授
飯島滋明（いいじま　しげあき）	1969 年生まれ	名古屋学院大学准教授
我部政明（がべ　まさあき）	別掲	
斉藤光政（さいとう　みつまさ）	1959 年生まれ	東奥日報社編集委員
佐藤　学（さとう　まなぶ）	1958 年生まれ	沖縄国際大学教授
島川雅史（しまかわ　まさし）	1950 年生まれ	立教女学院短期大学教授
高嶺朝一（たかみね　ともかず）	1945 年生まれ	T & CT Office 代表
中村桂子（なかむら　けいこ）	1972 年生まれ	長崎大学核兵器廃絶研究センター准教授
長元朝浩（ながもと　ともひろ）	1950 年生まれ	沖縄タイムス論説委員長
林　博史（はやし　ひろふみ）	別掲	
布施祐仁（ふせ　ゆうじん）	1976 年生まれ	ジャーナリスト・『平和新聞』編集長
前田哲男（まえだ　てつお）	別掲	
前泊博盛（まえどまり　ひろもり）	1960 年生まれ	沖縄国際大学教授
松元　剛（まつもと　つよし）	1965 年生まれ	琉球新報編集局政治部長・論説委員
屋良朝博（やら　ともひろ）	1962 年生まれ	フリーランスライター

索　引

※項目は和文表記と英文表記に分類して掲出してある.

あ　行

か　行

さ　行

た　行

な　行

は　行

ま　行

や　行

ら　行

わ　行

英文表記索引

編者略歴

前田哲男

一九三八年、福岡県戸畑市に生まれる

一九六一年、長崎放送に入社、おもに佐世保米軍基地を担当。七一年フリーとなりミクロネシア、グアムを取材

現在、軍事ジャーナリスト

〔主要著書〕

『自衛隊 変容のゆくえ』(岩波新書、二〇〇七年)、『フクシマと沖縄 「国策の被害者」生み出す構造を問う』(高文研、二〇一二年)

林　博史

一九五五年、兵庫県神戸市に生まれる

一九八五年、一橋大学大学院社会学研究科博士課程修了

現在、関東学院大学経済学部教授

〔主要著書〕

『沖縄戦 強制された「集団自決」』(吉川弘文館、二〇〇九年)、『米軍基地の歴史』(吉川弘文館、二〇一二年)

我部政明

一九五五年、沖縄に生まれる

一九八三年、慶應義塾大学大学院法学研究科中途退学

現在、琉球大学法文学部教授

〔主要著書〕

『沖縄返還とは何だったのか』(日本放送出版協会、二〇〇〇年)、『戦後日米関係と安全保障』(吉川弘文館、二〇〇七年)

〈沖縄〉基地問題を知る事典

二〇一三年(平成二十五)二月二十日　第一刷発行

二〇一四年(平成二十六)四月　一日　第二刷発行

編　者　前《まえ》田《だ》哲《てつ》男《お》

林《はやし》　博《ひろ》史《ふみ》

我《が》部《べ》政《まさ》明《あき》

発行者　前田求恭

発行所　株式会社　吉川弘文館

郵便番号一一三―〇〇三三

東京都文京区本郷七丁目二番八号

電話〇三―三八一三―九一五一〈代〉

振替口座〇〇一〇〇―五―二四四番

http://www.yoshikawa-k.co.jp

印刷＝藤原印刷株式会社

製本＝ナショナル製本協同組合

装幀＝河村　誠

ISBN978-4-642-08084-2

米軍基地の歴史 世界ネットワークの形成と展開（歴史文化ライブラリー）

林　博史著　四六判・二一八頁／一七〇〇円

米軍基地ネットワークはいかに形成されたか。第二次世界大戦を経て核兵器の時代を迎える中、米国本土への直接攻撃を回避するため巨大な基地群が築かれる。普天間の形成過程も明らかにした、基地を考えるための一冊。

沖縄戦 強制された「集団自決」

林　博史著　（歴史文化ライブラリー）四六判・二七〇頁／一八〇〇円

二〇〇七年の教科書検定で大きな波紋を呼んだ「集団自決」問題。生存者の証言・新資料などによる沖縄戦の検証から、その実態と全体像に迫る。「集団自決」の原因を〈天皇制国家の支配構造〉から解き明かした問題作。

戦後日米関係と安全保障

我部政明著　Ａ５判・三五二頁／八〇〇〇円

安保条約の成立から沖縄返還をへてテロとの戦いへと繫がる政治過程の中で、現在三度目の米軍再編が行なわれている。米国資料を基に、日米地位協定、「思いやり予算」など、戦後アメリカの対日軍事政策を実証的に解明。

（価格は税別）

沖縄　空白の一年　一九四五―一九四六

川平成雄著　A5判・三一〇頁／二八〇〇円

鉄と血の嵐が吹き荒れた沖縄戦。米軍は戦争終結後を見据えた戦略があった。必死に生きる住民の姿、焦土の中での経済復興の経過を詳細に描き、謎につつまれた〝空白の一年間〟を解明。「戦後」なき沖縄の原点に迫る。

沖縄　占領下を生き抜く　軍用地・通貨・毒ガス（歴史文化ライブラリー）

川平成雄著　四六判・二三八頁／一七〇〇円

米国に二七年間も占領統治され、今も苦しむ沖縄。強制的土地接収による基地建設、五度の通貨交換、毒ガス貯蔵発覚と住民の「見えぬ恐怖」との闘い、という三つの現実に焦点を絞り、占領下を必死に生き抜く人々を描く。

高度成長と沖縄返還　1960―1972（現代日本政治史）

中島琢磨著　四六判・三二〇頁／二一〇〇円

「所得倍増計画」や東京オリンピックで戦後復興を印象づけた池田勇人政権と、最大の戦後処理問題だった沖縄返還を実現した佐藤栄作政権。地域格差や沖縄基地問題など、今なお続く政治課題も顕在化した時代の様相を描く。

（価格は税別）　吉川弘文館

〈近代沖縄〉の知識人　島袋全発の軌跡

（歴史文化ライブラリー）

屋嘉比　収著

四六判・二三八頁／一七〇〇円

琉球処分以降、沖縄戦、米軍占領期まで過酷な時代を生きた郷土史家・島袋全発。伊波普猷・東恩納寛惇らとの交流や帝国主義・ナショナリズムとの戦いから、今に生きる沖縄の近代思想を浮かび上がらせた「思想史」入門。

戦後政治と自衛隊

（歴史文化ライブラリー）

佐道明広著

四六判・三〇四頁／一九〇〇円

軍事をタブー視した戦後政治のなかで、自衛隊はどのように成長したのか。官僚による統制と財政的制約を受けてきた歴史を探り、日米関係や防衛政策の内実を解明。新たな脅威のもと、転換点に立つ自衛隊の実態に迫る。

戦後日本の防衛と政治

佐道明広著

A５判・三九二頁／九〇〇〇円

戦後日本において、防衛政策はいかに形成されたのか。自主防衛中心か安保依存かという議論の経緯を、未公開史料とインタビュー史料を活用して追究。政軍関係の視点から、戦後日本の防衛体制をはじめて体系的に分析する。

植民地と戦争責任（戦争・暴力と女性）

早川紀代編　四六判・二四四頁・原色口絵二頁／二六〇〇円

十五年戦争期、植民地に暮らす女性たちの意識を、「慰安婦」問題と併せて明かす。原爆乙女や沖縄女性の戦後の生きざま、イラクに派遣された女性自衛官にもふれ、戦火が続く世界で女性は平和のため何ができるのか考える。

天皇・天皇制・百姓・沖縄　社会構成史研究よりみた社会史研究批判

安良城盛昭著　（歴史文化セレクション）四六判・五二四頁／三八〇〇円

社会構成史の立場から「社会史」を批判し、天皇制、中世百姓の「移動の自由」、近現代の沖縄、被差別部落、の各本質についての客観的な解釈を示す。また「奴隷と犬」など平易な論説も収め、歴史学を志す人にも好適な入門書。

日本軍事史

高橋典幸・山田邦明・保谷　徹・一ノ瀬俊也著　四〇〇〇円

四六判・四六二頁・原色口絵四頁

古代から現代まで、戦争のあり方や戦争をささえたシステムを明らかにする通史。戦争遂行のための〈人と物〉の調達をキーワードに、軍事に関する制度と、軍隊と社会の関係を多くの写真や絵画とともにビジュアルに描く。